U0311743

高高国际　出品

只用一只碗就可以快速制作的

超级简单"一碗式"烘焙

［韩］李智慧 著

季成 译

民主与建设出版社

图书在版编目（CIP）数据

超级简单"一碗式"烘焙 /（韩）李智慧著；季成
译. -- 北京：民主与建设出版社，2015.5
　ISBN 978-7-5139-0638-8

　Ⅰ.①超… Ⅱ.①李…②季… Ⅲ.①烘焙—食谱
Ⅳ.①TS213.2

　中国版本图书馆CIP数据核字（2015）第084553号

Very Easy One Bowl Baking by LEE JIHYE
Copyright © 2012 VITABOOKS, an inprint of HealthChosun Co. Ltd
All rights reserved.
Originally Korean edition published by VITABOOKS, an inprint of HealthChosun Co. Ltd
The Simplified Chinese Language edition © 2015 Beijing GaoGao International Culture Media Group Co, Ltd
The Simplified Chinese translation rights arranged with VITABOOKS, an inprint of HealthChosun Co. Ltd
through EntersKorea Co., Ltd., Seoul, Korea
版权登记号：01-2015-4083

超级简单"一碗式"烘焙

出 版 人	许久文
著　者	［韩］李智慧
译　者	季　成
责任编辑	程　旭
整体设计	北京高高国际文化传媒有限责任公司 Beijing GaoGao International Culture Media Group Co. Ltd
出版发行	民主与建设出版社有限责任公司
电　话	（010）59417749　59419770
社　址	北京市朝阳区阜通东大街融科望京中心B座601室
邮　编	100102
印　刷	北京时捷印刷有限公司
成品尺寸	710mm×1000mm　1/16
印　张	15.5
字　数	242千字
版　次	2015年9月第1版　2015年9月第1次印刷
书　号	ISBN 978-7-5139-0638-8
定　价	39.80元

注：如有印、装质量问题，请与出版社联系。

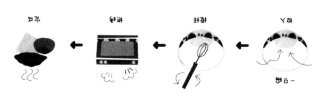

从今天开始，让我们通过阅读这本《超级简单"一碗式"烘焙》，一点点填满你幸福的瞬间吧

　　我刚开始学做烘焙的时候，第一次做的食物是巧克力小甜饼和松饼。它既有面粉的味道，又有碳的味道，虽然高低不平的不怎么好看，但因为是自己亲手制作，所以还是美美地把它吃掉了。直到现在，我仍无法忘记那时的激动。我的日常生活也因为"遇见"烘焙，变得丰富多彩、充实美丽。当自己把喜欢的材料和成面团，再揉捏切割成自己喜欢的形状，然后看着它们被放入烤箱的那一瞬间，当自己看到面包卯足了劲儿不停膨胀的那一瞬间，当自己吃着亲手做好的面包，迎接悠闲午后时光的那一瞬间，虽然我不知道如何去和做蛋糕用的面团，也不知道怎样揉捏成自己想要的面包形状，但我用自己的双手做面包的举动，让以后生活中出现的越来越多的小小喜悦也变得更加有意义了。

　　不过，好景不长。由于在市中心不能轻易买到所需材料，我便开始辗转于各种卖进口食品的网站，也越来越耗费精力，家里厨房的碗柜就在这时彻底地被各种做家庭烘焙的工具塞满了。慢慢地，当你环顾四周时，你会发现厨房已经乱了套，餐具早已堆得满处都是，大有要冲出碗柜的气势。我一边看着那些好像马上就要倒塌掉下来的一堆餐具，一边长叹，产生"难道我非要这样没事给自己找罪受吗"的想法次数越来越多了。

日子一天天过去，我下决心要尝试简化做面包的复杂程序。我将所知道的食谱配方上传到了博客上，并倾听那些按照我的配方试做烘焙之人的心声。结果发现这些配方中既有我搞错的地方，也有需要修改的地方。经过修正和补充完善后的配方就是被称作"一碗式烘焙配方"了。即使是初学者，也能很容易地跟着它们做出美味的烘焙食物，整个制作过程在配方中都有详细地记录，很容易理解。我将这些配方和记录整理成了你手中的这本书。希望通过阅读这本书，让你有种想亲自动手做成甜蜜礼物送人的冲动。

各位，你们是否曾经因为自己做面包的技能不熟练，导致每次烘焙总是以失败告终？又或者因为程序太繁琐，而将烘焙遗忘在角落，让烤箱上堆满了灰尘呢？从现在开始，让我们和《超级简单"一碗式"烘焙》一起仔细而有条不紊地挑战烘焙吧！我希望你们每个人都能将自家的厨房打造成专属于你的小面包店，并将美味的面包拿来与所爱的人一起分享，同时我也期待你们能体会到我所体会到的每个幸福瞬间。希望大家通过学习这本书，对烘焙有初步认识，在学会烘焙食物的同时，也懂得分享。回忆大家在成长过程中的幸福模样，让我觉得此刻我也在创造并感受着这些幸福似的。

一个回忆着各种温暖时刻的秋夜
李智慧

序言

从今天开始，让我们通过阅读这本《超级简单"一碗式"烘焙》，一点点填满你幸福的瞬间吧

 **Intro** 准确、充分地了解后，开始

打好"一碗式"烘焙的基础吧！

Part 1　亘古不变，集万千喜爱于一身的基本

面包

Part 2　一份从容

点心

Part 3 慵懒的午后休闲时光
马芬蛋糕&司康

Part 4 特殊日子的礼物
蛋糕&派

平常的幸福

餐后甜点

OneBowl baking

只用一只碗就可以快速而简单制作的

OneBowl
baking

超级简单
一碗式烘焙

将所有材料放入一只碗中，搅拌、烘烤，这种超级简单的烘焙方法也被称作"一碗式"烘焙。假如你不懂烘焙的基本常识，或者在看食谱配方时不能理解专业用语，那么你做烘焙的失败概率一定是100%。因为一般来说，我们做普通料理和做面包的方法是有很大差异的，无论食材、工具，还是步骤、常识都有所不同，需要我们熟记于心。我曾经用很长时间专门学习制作面包的方法，获得相应的经验，并将自己的经验和大家在我的网站上分享的知识汇集整理，形成了这本书。如果您是一名初学者，在阅读食谱配方之前，请一定认真学习在本书第一部分所总结出的烘焙基本常识、烘焙所需要的工具以及相关的材料介绍。我还汇集整理了600万名访问者最想了解的烘焙问题以及对这些问题的回答、对烘焙初学者有帮助的网站介绍等等，大家一定要好好掌握哦！

Intro

🧁

准确、充分地了解后，开始打好
"一碗式"烘焙的基础吧！

务必要记住的"一碗式"烘焙的基本常识

烘焙食谱配方中使用的用语和一般的料理食谱配方有所不同。烘焙的用语即使稍微有些误差，但最终结果不会有太多变化，所以只要我们熟记基本常识，并按照食谱配方来做，就能减少失败。必要的基本常识已经汇集并整理完毕，大家在做"一碗式"烘焙的时候，在看食谱配方之前，请一定要记得读基本常识哦。

🧁 预热烤箱

烤面包之前，烤箱务必要先预热。至少要提前 10 分钟预热，这样面包才能在合适的温度下烤好。不预热就将面团放入烤箱的话，由于烤箱升温需要一定时间，面团在这段时间里温度不够，所以容易烤不好。因此，请大家记住提前 10 分钟预热烤箱哦。

🧁 准备黄油和鸡蛋

将黄油和鸡蛋从冰箱取出，在室温下放置 30 分钟 ~1 小时左右，用手摸一摸，感到不凉时就可以使用了。若是直接在冰凉的情况下使用，黄油中的油分和鸡蛋中的水分将不能均匀混合在一起。不过也有例外，制作蛋挞的面团时，只有用冰的黄油，才能和面粉类材料混合得不软不硬刚刚好。

🧁 用筛子筛面粉类材料

面粉或者杏仁粉、可可粉等粉状材料有时候会出现结块现象，这时候最好先用筛子筛一筛再使用。筛过之后，面粉类材料里的杂质就被过滤出来，由于粉末颗粒之间有空气进入，所以更容易和其他材料混合。同时，它对于面包发酵，也有所帮助。

🧁 黄油霜化

黄油霜化，是指在黄油中一边混入白糖和盐，一边进行搅拌，之后再稍微倒入一些已经搅拌好的鸡蛋汁，并将其混合的过程。用打蛋器将材料混合的同时，粒子间空隙被空气填充，这时就会变得像蛋黄酱那样细滑。在这样的状态下，将面粉类材料和余下的液体材料倒入后烘烤，面包会发胀，而且有柔软的质感。在用打蛋器慢慢地将材料混合的这一过程中，最关键的就是要保证材料里的水分和油分不分离。若是水油分离了，就会变得又软又圆，所以，各位一定要注意哦。

  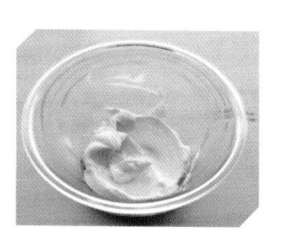

🧁 制作鸡蛋泡沫

指的是搅拌鸡蛋，使其产生丰富泡沫的过程。鸡蛋和白糖混合后，用打蛋器在碗底部隔着热水搅拌，让泡沫又软又圆地往上冒出来。把手指伸进去试探，当手指感到温暖的时候，泡沫才能完全释放出来。由于需要持续不断地搅拌，因此，用手提式搅拌机搅拌起来会更方便一些。开始时先快速搅拌，待产生丰富的泡沫后，改为中速搅拌，这时若泡沫变得浓稠，请改为低速搅拌。尝试甩动泡沫，若泡沫很顺畅地掉落的话，鸡蛋泡沫便完成了。用丰富的鸡蛋泡沫可以做出又软又滑的面包。

  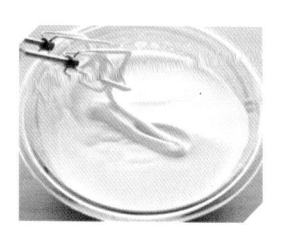

🧁 制作调和蛋白

调和蛋白，一般是在制作戚风蛋糕、芝士蛋糕等质感轻柔的蛋糕时，放入面团中使用的。在蛋白中加入少量白糖，用打蛋器或者手提式搅拌机搅拌，待打出丰富的泡沫后使用，这就是它的特色。舀起泡沫看的时候，若是发现随之带起三角形尖头的话就算完成了。那个三角形尖头由于外形尖，以至于看上去很锋利的样子，像这样结实的调和蛋白，主要是在制作戚风蛋糕等柔软的蛋糕的面团时使用。三角形尖头稀软而又细腻的调和蛋白，主要是在制作芝士蛋糕等颗粒细嫩、湿滑的蛋糕的面团时使用。蛋白中若是混入了蛋黄，蛋黄中所含的卵磷脂会妨碍蛋白泡沫的生成。

 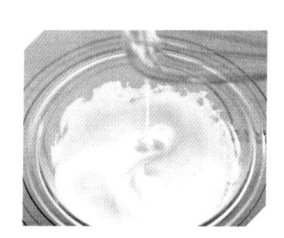

浓稠结实的调和蛋白　　　　　细腻的调和蛋白

🧁 掼奶油

在已经完成的蛋糕上或者面包和面包之间的夹心位置涂抹奶油，奶油必须是在冰凉状态下涂抹。在盛放奶油的碗底部隔着凉水，加入少量白糖，再用打蛋器或者手提式搅拌机打出丰盛的泡沫来。

🧁 通过蒸馏融化

这个说的是，融化考维曲巧克力或者奶油、黄油的时候，在放置材料的碗底部隔热水搅拌使之融化的过程。这时候需要注意，绝对不要直接明火加热融化，而是用热水蒸馏，慢慢地融化。特别是融化巧克力的时候，若是直接融化，会很容易烧干，所以请务必注意。

🧁 回火

回火就是说融化考维曲巧克力，在其光滑油亮的状态下进行制作。如果回火不到位，使用时巧克力就不够坚硬，表面也没光泽。回火最关键的就是关于温度的掌控，考维曲黑巧克力和考维曲白巧克力的回火温度是不同的。考维曲白巧克力比考维曲黑巧克力的耐温低，所以需要在较低的温度下回火才行。回火考维曲黑巧克力时，先在碗的底部隔着热水慢慢地搅拌巧克力，当温度上升到45-50℃之后，再将碗底部隔凉水慢慢搅拌，直到温度下降到27℃。然后将碗底部隔热水慢慢搅拌，使其温度上升到30℃。考维曲白巧克力回火时，先将温度上升到35-40℃之后，将碗底部隔凉水慢慢搅拌至温度下降到25-26℃，然后再使其温度上升到28℃即可。

考维曲黑巧克力

考维曲白巧克力

🧁 使其发酵

做面包的时候，必须要让面团发酵才行。发酵面包要用的酵母有鲜酵母、干酵母、即发酵母，本书中所用的是即发酵母，我们很容易就能买到它，并且它不需要用水溶解就可直接使用。发酵的面团会不断生成面筋，粘粘的，软软的，说明酵母菌正在活化。一般，做面包过程中的第一次发酵，中间发酵，第二次发酵的第三阶段需要用到强化面粉或者薄力粉。第一次发酵的时候，在装有面团的碗底部搁置装有60-70℃的热水的碗，使面团温度大概达到30-40℃之后，整体盖上保鲜膜使其发酵。揉按第一次发酵后的面团，并把面团的气体挤出，之后再进行整形。整形之后就进入中间发酵的过程了。中间发酵时，在外面要盖上一层保鲜膜防止表面水分流失变干。发酵好的面团和第一次发酵的面团一样，以同样的方式将空气排出后进入第二次发酵。第二次发酵的时候，将面团放入装有 60-70℃热水的小箱子中，或者放入经过 30-40℃条件下预热过的烤箱中发酵，这样最好了。

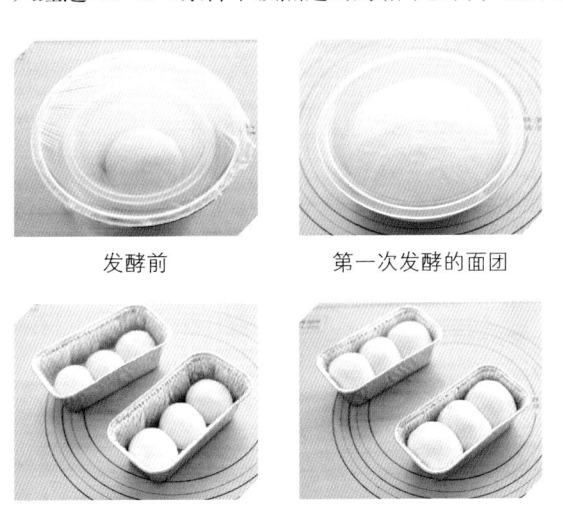

发酵前　　　　　　　　第一次发酵的面团

中间发酵的面团　　　　第二次发酵的面团

🧁 排气

第一次发酵和中间发酵结束后一定要将空气排出。发酵时，面团里的碳酸气体排出来，同时又有新空气进入的话，酵母菌就会被活化，并生成面筋。若是碳酸气体没有排出，当烤制面包的时候，气孔就会变大，那么面包的表面纹理会变得粗糙。第一次发酵后的面团就在碗里揉压表面排气即可，不用取出来。第一次发酵的面团排气结束之后，就可以按照自己想要的形状整形并进行中间发酵。中间发酵之后，再进行排气的时候，最好是按照它整形之后的样子原封不动地按压下去，将气体排出就可以了。如果是揉压后整成圆形面团的话，请将面团放置在擀面台上，好像滚球那样将其弄成圆形，然后维持圆形的样子不变的同时对其进行排气。

🧁 停止发酵

面团凝结成一大块儿时，将其放入塑料袋中按压平整，再放入冰箱冷藏 1 小时左右使其平静下来停止发酵。特别是蛋挞面团必须要经过停止发酵这个过程，那么当擀面的时候，面团才会做成你想要的形状，烤过之后面团也不会变形。

🧁 擀面团

擀压经过停止发酵过程的面团时，在擀面台上要先撒粉，之后再擀压面团，这样，面团就不会粘在擀面台上了。擀面的时候使用的撒粉也可以作为结块少的强化面粉使用，使用保鲜膜代替撒粉来防止粘连的话，收尾工作也比较容易处理。由于蛋挞或派的面团擀压过之后，要进行一系列的反复过程，所以面团本身会被很多撒粉覆盖，即使烘烤过后生面粉的味道仍然很重，而且在擀面的过程中，面团比较容易干裂。这种时候请用毛刷将撒粉从面团上轻轻拂走之后再进行烘烤。

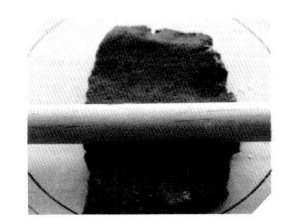

🧁 蒸馏烘烤

烘烤芝士蛋糕或者布丁的时候，主要按照使用方法来操作，就可以防止烤焦，保持表面湿润。蒸馏烘烤说的就是将盛放着面团的模具，放入装有热水的烤盘上面并烘烤的方法。

务必要记住的"一碗式"烘焙所需工具

碗

材料混合后制作面团时使用的工具按照大小来分类，比较便于管理。最好是将以下三碗备齐，像打散鸡蛋时用的小碗，混合一般用量的面团时使用的中碗，还有用量大的面团使用的大碗等。最好是使用瑕疵少，质轻又结实的不锈钢材质或者适用于微波炉中使用的耐热玻璃材料。

秤

对于烘焙来说，所用材料的量必须要精准，所以秤是必不可少的。在计量放入大量面粉材料时会用到秤。与刻度秤相比，使用电子秤更加方便。即使是 1g 这么少的用量也能精准计算出来，而且电子秤在超市可以购买，所以请在开始做烘焙之前准备好。

量杯、量勺

量杯和量勺同秤一样，都是为了精准计量所必需的工具。添加少量粉质材料发酵粉或者计量盐的用量时，就要用到量勺了。当计量牛奶、水、油等液体材料时就会用到量杯。量杯有 1.25ml、2.5ml、5ml、15ml 这几个单位容量，使用起来会很方便。

粉筛

做烘焙时务必要对粉质材料进行一次以上的过滤。在筛除过滤的过程中，粉筛还有筛除杂质的作用。为了让做出的奶油更细腻也会使用粉筛，所以请准备好非常致密的或者不稀松的粉筛。

刮刀

可用来搅拌碗中的材料，或者将粘在碗中的面团刮干净。与塑料材质的刮刀相比，硅胶做的刮刀耐热性更高，即使你用它搅拌滚烫的材料也不用担心不安全或者有毒，所以硅胶刮刀实用性更高。

打蛋器

在黄油霜化的时候或者将鸡蛋打出泡沫的时候等，多种材料混合后搅拌时使用的工具。由于搅拌时间比较长，使用打蛋器的情况比较多，所以最好选择使用手柄握起来比较舒服的打蛋器。打蛋器的刃要有比较多，起泡的时候才好用。

手提式搅拌器

当你想要均匀地搅拌材料或者产生丰富的泡沫时，就需要用到它了。当你要花很久的时间来搅拌材料的时候，你的胳膊会酸痛，所以这时候使用手提式搅拌机就非常容易且快速的搅拌材料。

散热网

烘烤后的面包或者曲奇，蛋糕隔着散热网散热的话，空气会在空隙间来回流动，一边散热，同时又有防止食物烤焦或者发潮的作用。即使很小的饼干放在上面也不会掉落，又能以适当密度来摆放，通风条件及通风高度适中，所以使用起来很方便。

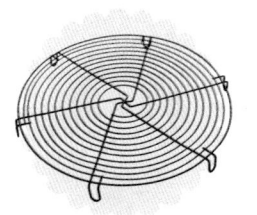

裱花刀、刮板

裱花刀可以在混合搅拌面粉材料和黄油的时候或者切割面团时使用。塑胶材质的裱花刀虽然价格低廉，但是不锈钢材质的裱花刀更卫生。刮板是在蛋糕上涂抹奶油时或者将面团均匀抹平的时候使用的工具。刀刃最好长一些，用起来方便。

擀面杖

从材质来分，有木质和塑胶质地两种。将撒粉撒在擀面杖上，这样用木质擀面杖擀压的面团就不会粘住。木质擀面杖进水的话会腐烂，所以使用后要清洗干净，晾干后保管。用塑胶质地的擀面杖擀压的面团，即使不放撒粉，面团也不会粘。

毛刷

可以用来扫走面团上覆盖的撒粉，也可以在完成的蛋糕上面涂抹糖浆等。塑胶材质的刷头，适合在涂抹很烫又黏糊的材料时使用，而且容易清洗。毛质刷头的毛很细，适合在扫落撒粉时或者涂抹蛋液时使用。

蛋糕烘焙模具

制作蛋糕时使用最多的就是圆形模具，建议大家按照尺寸每样准备1-2个左右。使用可脱底的模具或者使用有涂层的模具的话，就更加方便，若是没有对模具进行喷涂处理的话，建议先铺垫一层烘焙纸再使用。除了圆形模具之外，还有其他多种模样的模具，一磅蛋糕也有专门的一磅蛋糕模具。

慕斯模具

它的特征就是没有底部，主要是在将蛋糕堆积的时候，为防止蛋糕的摆放散乱而使用，或者是制作慕斯蛋糕时使用。偶尔做芝士蛋糕的时候也会将蛋糕放到慕斯模具里烘烤，因为底部没有底板，所以要用两三层烹调用铝箔纸包住底部之后铺上一层烘焙纸，并按照蒸馏烘烤的方式烘焙，在这个时间段里，水是不会渗进蛋糕里的。

曲奇模具

可以用来将曲奇面团摆出多种多样的形状。清洗过模具之后，要完全干燥保管，这样才能防止生锈。用洗碗巾或者干毛巾将水擦干后保管，或者烤过面包之后，将模具放入烤箱中，利用烤箱的余温蒸干模具上的水后保管好。

其他种类模具

使用多种专用模具的话，即使没有特别的装饰，也能将面包做得很漂亮。马芬蛋糕使用的是直径 5cm 的模具，玛德琳蛋糕使用的是长度 6-7cm 的模具，蛋挞使用的是直径 21cm 的模具，戚风蛋糕使用的是直径 17cm 的模具，咕咕霍夫蛋糕使用的是直径 15cm 的模具。由于模具本身就弯曲迂回不平整，所以如果不铺垫烘焙纸，涂抹上黄油之后，要覆盖一层面粉，才能将面包干净地从模具中分离出来。

裱花袋，裱花嘴

面团稍稠，当用曲奇模具或者用手给面团做不了整形的时候就可以使用裱花袋。在裱花袋上装上你想要的形状的裱花嘴之后，将面团放进去，在烤板上挤出你想要的形状即可。裱花袋有布料材质的和塑料材质的两种，布质的裱花袋，由于布本身就很有力，所以可以用来挤稍稠的面团。若是没有裱花袋的话，剪一部分烘焙纸，将其做成帽子的形状后使用也可以，但是这个材料有个不好的地方，你想要的模样或者形状，用它不好操作。裱花嘴也有很多其他尺寸和形状的，如果能具备这些不同的裱花嘴工具，就能做出多种多样的曲奇来。

压石

烘烤派皮或者蛋挞皮的时候，为了防止面团胀大可以用压石来压住。建议大家将冷藏保存的面团上面轻轻地铺入烘焙纸，再将压石倒入装满，然后再放入烤箱烘烤，这样操作会比较好。大家可以去糖果和糕点材料专卖店去购买压石，或者直接使用大米，干豆子也可以。

烘焙纸

剪下与烤盘或者模具尺寸同样大小的烘焙纸铺好，它是为了防止面团发胀后烘焙的时候，曲奇或者蛋糕会快速烤焦或者粘在烤盘或模具上。请务必使用做菜用或者烘焙用的烘焙纸，还有箔纸。

务必要记住的"一碗式"烘焙所需材料

黄油（油脂）

黄油，作为基本的家庭烘焙材料，最好使用不加盐的无盐黄油。比起含有大量反式脂肪酸的人造奶油或者硬化油，还是 100% 的脱脂黄油更好些。

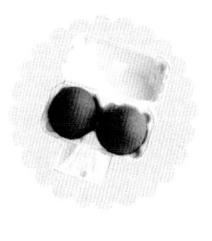

鸡蛋

选择鸡蛋不宜过大或过小，中间大小即可。连壳一起计量的时候，一般选用 60g 左右的鸡蛋。由于鸡蛋多是放于冰箱中保存的，所以在制作面团 30 分钟 –1 个小时之前就要提前将鸡蛋拿出放于室温，待温度达到室温后使用。但是在调和蛋白的时候使用的蛋清最好是使用冷藏过的。

白糖、糖粉

烘烤面团时，白糖不仅仅对味道有影响，对色泽或者质感也有影响。白糖是家庭烘焙材料中不可或缺的材料之一。根据所做食物种类不同，将其捣碎既可以使用黄糖、黑糖，也可以使用不是精炼的，并对健康有好处的有机农糖。糖粉是白砂糖被捣碎成细小的粉末后，和粉类材料均匀混合而成。面团中加入糖粉的话，就可以做出干脆可口的曲奇饼干。

面粉

做烘焙食物最主要的材料就是面粉了，面粉根据其中面筋含量的不同，就可以分为强力粉（高筋面粉），中力粉（中筋面粉），薄力粉（低筋面粉）。大多糕点类使用面筋含量高的强力粉，做曲奇时就使用面筋含量最低的薄力粉。为了健康，也可以使用小麦或者有机全麦面粉。

玉米淀粉

玉米淀粉，又叫生粉，将其放入面团里可以有多种作用。如果放入芝士蛋糕中，可以让面团结成块儿；如果放入曲奇中，就会做出轻薄又干脆可口的质感；如果放入蛋糕中，就会做出柔软轻薄的质感。如果用量很少，可以用薄力粉代替。

可可粉、绿茶粉、杏仁粉

可可粉和绿茶粉因为自身具备特有的味道和颜色，所以可以利用这一点，和粉类材料一起放入面团，做出更多搭配。大家请尽量选用可可含量高、色泽鲜明，又没有添加糖或者奶粉的可可粉。绿茶粉还是选用色泽鲜明的才好。若是使用抹茶粉来代替绿茶粉的话，颜色会变得更鲜明。而加入杏仁粉可以让点心拥有香喷喷的味道。

膨胀剂

让面团产生膨胀的膨胀剂有以下几种，有在曲奇或者蛋糕上使用的发酵粉和苏打，有发酵面包时使用的酵母。酵母有生酵母、干酵母、即发酵母三种，在本书中用到的是不用在水中溶解也能使用的即发酵母。

鲜奶油

制作奶油蛋糕，或者马芬、一磅蛋糕等糕点的时候，为了使糕点柔软又有浓郁的香味，这时就需要加入乳脂奶油。乳脂的含量越高越好，虽然植脂奶油与鲜奶油有相同质感，但为了味道，还请尽量使用无糖乳脂奶油。

巧克力

巧克力可以在蒸馏融化后放入面团，或者在制作巧克力糕点时使用。尽量使用未经加工的考维曲巧克力，若是买不到的话，用市售巧克力也行。若是用市售巧克力的话请尽量使用可可含量高,白糖或奶粉含量少的巧克力。

朗姆酒，各种利乔酒（Liqueur）

朗姆酒和利乔酒主要作用是抓味道，可以根据不同情况作出不同的风味来。也可以少量购入并使用添加了各种香味的利乔酒，若是觉得负担不了，可以只买朗姆酒代替。

香草

将香草豆、香草糖、香草油等加入面团的话，面团会散发出香草的香气。若使用香草豆的话，请将香草豆切开，只取它的种子来用。

600 万粉丝博主 Q & A

作者从 2005 年开始一边经营博客，一边努力给人们提供简单的家庭烘焙配方。现在只将那段时间博客好友或者访问者们提问最多、最想知道的问题以及由于是初学者没有办法不问的最基本问题等收集起来，——作答。

🧁 做曲奇或者蛋糕的时候，必须要放盐吗?

大部分的面包在制作的时候加入的盐都是很少量的，意思是说用拇指和食指捏的时候，在手里捏的量。即使 1g 是极少量的，但是可以调整味道，使滋味更好。特别是在制作面包的时候，由于白糖放入量很少，所以这个时候盐的作用就很重要了。因为盐的放入量比较少，所以若是大家有干脆不放盐这样想法的话，那烤完以后，就能感觉出放盐与不放盐的差异了。

🧁 砂糖或者黄油对身体好像不太好,做烘焙的时候能不能少放呢?

砂糖和黄油对于曲奇或者蛋糕的质感、颜色、体积等有着极大的影响，是很重要的材料。尽量按照食谱配方来制作的话，可以减小失败机率，为了身体健康，想要减少加入量的话，请减少 10% 左右，但少再多就会影响烘焙成果了，所以请务必注意。若是不能减少的情况，也可以考虑换材料。大家也可以使用木糖醇或者含有丰富矿物质的有机砂糖。虽然枫糖浆对健康有益，常被用来代替砂糖，但是由于是液体的关系，和其他材料混合以后，面团有可能会变得稀软，从而导致烘焙失败。

🧁 巧克力在回火的时候进水了! 虽然很可惜，但是否要丢掉已经进水的巧克力呢?

在对考维曲巧克力进行回火的时候，有水蒸气或者水进去了的话，巧克力就会没有光泽并产生斑点。回火不到位的巧克力即使看上去不好，但味道却是没什么不同的。因失误导致巧克力进水了的话，请不要丢掉，将其保管好，在制作甘纳许的时候可以使用。制作甘纳许时，用回好火的巧克力来覆盖，或者用于制作生巧克力，或者将其融化后加入面团里，总之有多种补救办法啦。

🧁 在擀压蛋挞面团的时候为什么经常裂开？

停止发酵前，面团已经揉过很多次；或者是蛋挞面团停止发酵的时间很短，发酵中的面团不能完全平静；或者冷藏的面团从冰箱里一拿出来就马上擀压，都会导致面团开裂。停止发酵前的面团在被擀压时要用手掌捣碎后揉成团。揉成团的面团要放入塑料袋中1个小时使其停止发酵，发酵停止了的话，不要一拿出团就马上擀压，请先用擀面杖轻轻地敲打，或者用手掌轻轻地按压后再擀压。擀压面团的时候会用到很多撒粉，但也不要让面团被撒粉全部包住，否则面团表面也会容易裂开，所以请用毛刷将撒粉拂去之后再烘烤。

🧁 制作甘纳许巧克力酱的时候要分解结块的原因是什么？

由于巧克力是处理起来比较棘手的材料，所以在做的时候温度方面要多花心思。在蒸馏融化巧克力的过程中，将装有巧克力的碗底部浸入滚烫的热水中融化，或者在将巧克力与奶油混合的过程中，将奶油煮到噗噜噜煮沸的程度，再加进去的话，会出现油层浮到上面来这种分层现象。用蒸馏法来融化巧克力的时候，放入手指试探温度，要以手指感到暖和的温度加热使用。用手指试探混入巧克力的奶油温度时，要以轻微地感觉到烫的温度持续来加热使用。

🧁 为什么一磅蛋糕烘焙之后表面那么平整？

一磅蛋糕只有表面膨胀起来才能算完成。表面烘焙后平整的原因是面团很稀软的关系。黄油和砂糖混合的时候，尽量使黄油呈现乳白色慢慢混合，之后再敲开鸡蛋加入少量并混合，只有这样，各种材料才不会分层，面团才不会变得稀软。

🧁 一直按照食谱配方记录的温度和时间米烘焙，却总是烤焦，这是为什么呢？

即使相同品牌的烤箱，热的强度是有稍许差异的。一边多使用烤箱，一边去熟悉家里烤箱的感觉，比如热度是怎样的，等等，这是很重要的。烘焙面包的时候，请用配方中记录的温度去预热，并偶尔从外面窥视下烤箱，确认面包熟到什么程度了。即使是时间还不到的时候，面包的颜色比相片的深，或者好像有烤焦的味道的话，请使用比配方温度低5~10℃的温度来烘烤。如果只是面包的一边颜色变深了的话，请将颜色偏浅的一边移动到颜色变深的一边烘烤。

🧁 我做了面包，但是为何会比外面卖的面包要硬呢？

家庭烘焙的面包，比起面包店卖的面包是会更快干掉变硬的。通常面包店为了让面包陈列时间久一点也不会变坏，有的会在面包中加入化学添加剂。家庭烘焙当然不会使用什么化学添加剂，所以才会快速变干变硬。除此之外，还会因为面团比较浓稠，或者没有发酵好，或者放进烤箱烘烤太久等，很多原因都会导致面包变硬。在家做面包，不要做太多，放太久，要现做现吃才好。不然的话呢，最好是放入密封袋冷藏起来，等到要吃的时候再拿出来。一磅蛋糕、马芬蛋糕、玛德琳蛋糕、金砖蛋糕反而是在室温条件下装进密封放置一天后才更好吃。

🧁 烘焙司康或者马芬蛋糕为什么会有苦味？

材料没有混合好，其中一部分就可能结块，如果这样就烘烤的话，味道就是苦的。特别是家庭烘焙粉与其他粉质材料相比，它拥有只需加入少量，就会产生厚重的特性，所以比较容易结块，和其他粉质材料一起进行一次以上的过滤之后才能使用。不仅仅是司康、马芬蛋糕，使用加入了烘焙粉的材料做面包时，粉类也要过滤之后再使用。

🧁 朗姆酒或者利乔酒只需要放入一点点就可以提升整个糕点的香味，但是觉得自己购买有负担，所以想问是否必须要放这种东西？

朗姆酒或者利乔酒起着丰富面包风味的作用，如果是添加量比较少的情况，即使省略不添加，做面包也没什么大问题。购买各种利乔酒有负担的时候，可以选择容量较少的朗姆酒来代替或者直接不放也可以的。

×××××××× 作者的最爱 ××××××××

E 家庭烘焙 www.ehomebakery.com
适合家庭烘焙初学者，有价值的烘焙材料道具网站。

飞利浦 我的厨房主页 www.philips.co.kr/kitchen
通过这个网站可以了解到对于加工处理的信息或者其他各种飞利浦产品相关的
内容，更可以见到更多的菜式配方。

Hosino&Cookies www.hosino.co.kr
拥有日本进口小物品或者可爱的日本烘焙包装用品的一家网站。

Sweetpack www.sweetpack.co.kr
专卖家庭烘焙包装材料的网站。

器皿故事 www.annstudio.co.kr
卖漂亮器皿的网站，是专卖进口器皿和具有浓厚韩国传统氛围的器皿。

加拿大干葡萄主页 www.rackorea.com
通过这个网站可以接触到对于家庭烘焙经常要用的干葡萄的相关信息以及如何
活用干葡萄的配方。

新西兰南瓜主页 www.freshdanhobak.co.kr
通过这个网站可以接触到活用南瓜家庭烘焙配方。

All-Liquor 利乔酒主页 www.all-liquor.co.kr
通过这个网站可以查看到家庭烘焙经常要用到的朗姆酒或者种类繁多的利乔酒
类产品信息。

利用一般食用面包、红豆面包、黄油卷等基本面包面团做出的所有面包，这本书里统统都有。特别是对牛奶面包更是进行了详细地介绍，所以请大家参考试着做出各种面包吧。在做面包用面团的时候，因为添加发酵粉的关系，所以面团务必要经过第一次发酵、中间发酵、第二次发酵的过程。揉过面团之后，将其放入涂抹过黄油的碗内进行第一次发酵，面团发到2倍以上大小，对其整形之后请进行中间发酵。中间发酵结束后，面团发到2倍以上大小，请将面团放入将要烘烤的模具中进行二次发酵。间隔中请不要忘记排气。请在温暖的室温下使之发酵。只要有一个碗，无论多少个面包，都可以很简单地做出来，请各位一定要试一下哦！

Part 1

亘古不变，
集万千喜爱于一身的基本面包

Bread 180~190℃ 20~30 分钟

牛奶面包

下面给大家介绍一款面包，它就是，当你在繁忙的早餐或者深夜，可以简单而又快速地消除饥饿感的牛奶面包！如果能熟记制作过程的话，在制作其他面包时就可以应用关键部分，所以请好好跟着学。

Ready（15x7cm 大小的银箔模具 2 个）

高筋面粉 160g，砂糖 20g，即发干酵母 2.5g，食盐 2g，黄油 16g，牛奶 105~110ml

其他材料 涂抹碗和模具用的黄油少许，擀压面团时需要撒在平台上的撒粉少许

粉质材料添加 高筋面粉经筛子过滤放入碗中，加入白糖和即发干酵母之后，再放入食盐后混合，要尽量避免接触到即发干酵母。

添加牛奶 将粉质材料均匀混合，加入牛奶后混合，凝结成一块之后请开始制作面团。

加入黄油揉搓 取出面块和细腻的黄油混合后揉搓 10 分钟后做成面团。

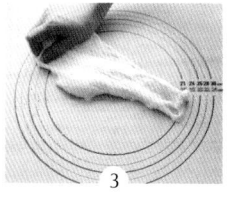

捏样子 面团表面变滑，产生弹性的话，请把面团捏成圆形的样子。

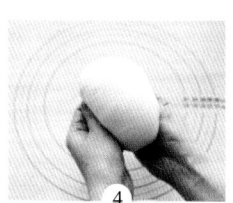

第一次发酵 在碗底涂抹黄油之后，请将已经捏成圆形模样的面团放进碗中，使之进行 35~40 分钟的第一次发酵。Tip 1

排气 进行第一次发酵的面团若是膨胀到 2 倍以上的大小，请按压将气体排出。Tip 2

中间发酵并排气 取出面团，将其分成 6 份之后捏成圆形，用塑料保鲜膜覆盖后进行 10~15 分的发酵，之后请保持着圆形的模样将气体排出。

第二次发酵 请在银箔模具上涂抹黄油之后，将已经排过气的面团三个三个的放置于模具上，在暖和的地方进行第二次发酵。Tip 3

烘烤 将装有经过了第二次发酵面团的银箔模具放入经过 180~190℃预热的烤箱中进行 20~30 分钟的烘烤。

Tip 1 进行第一次发酵的时候，好像蒸馏那样，将装有面团的碗底部浸入装有 60~70℃热水的碗中，维持面团温度在 30~40℃，之后再用保鲜膜把整个包起来，这样发酵的效果更好。

Tip 2 查看第一次发酵之后的面团状态时，若是面团像蜘蛛网那样掉下来的话，那么第一次发酵便发酵好了。

Tip 3 第二次发酵的时候若将装有面团的模具放入装有 60~70℃热水的塑料泡沫箱子里，或者是放入经过 30~40℃预热的烤箱中来发酵的话，效果更好。

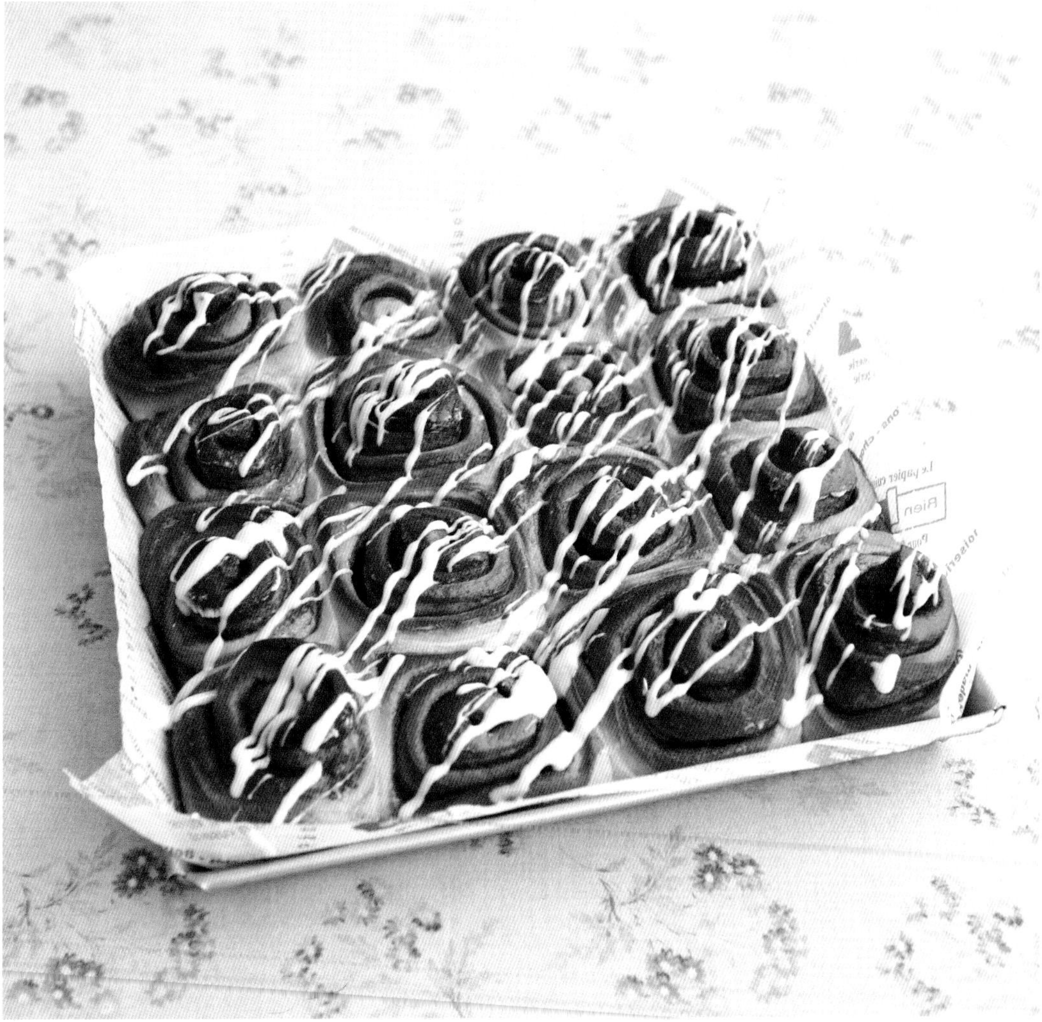

肉桂卷

肉桂卷因为充满了幽幽的桂皮香味，所以怎么吃都吃不腻。肉桂卷上面撒上了糖霜，咀嚼起来没有那么干涩，口感香甜。烘焙好足够的量，让远道而来的亲人和朋友们分享这美味和幸福吧。

Ready（29cm 大小的四方形四角模具 1 个）

面团 高筋面粉 500g，砂糖 70g，脱脂奶粉 2Ts，即发干酵母 8g，食盐 4g，黄油 100g，鸡蛋 100g，水 200~220ml

肉桂味砂糖 黄砂糖 50g，肉桂粉 6~7g

糖霜 糖粉 60~80g，牛奶 10ml

其他材料 涂抹碗和模具用的黄油少许，擀压面团时需要撒在平台上的撒粉少许

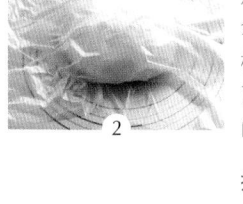

制作第一次发酵面团 将**面团**材料参考第 20 页介绍的牛奶面包第 1~5 点的做法来做出发酵后的面团。Tip 1

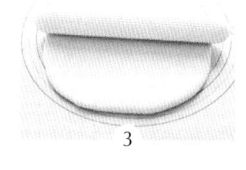

中间发酵 将第一次发酵后的面团按压并排气，拿出面团后捏成圆形的模样，再用保鲜膜覆盖面团，进行 10~15 分钟的中间发酵。

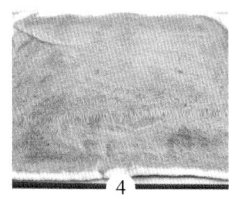

擀压面团 按压已经进行完中间发酵的面团，排气后向四周擀压各 40cm 左右，将其擀压成方形。Tip 2

撒肉桂砂糖 在面团上层薄薄地涂一层黄油，混合**肉桂砂糖**材料，撒在面团上之后，待干后将其紧贴着卷起来。

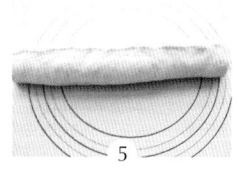

第二次发酵 用刮刀将干了的面团分成 6 等份，放入烤盘，拿到温暖的地方进行 40 分钟的第二次发酵。

烘烤 将经过第二次发酵后的面团放入通过 180~190℃预热后的烤箱，进行 20 分钟的烘烤。

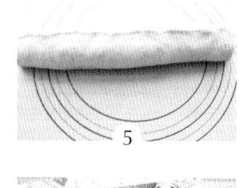

撒糖霜 混合**糖霜**材料，将其装入挤花袋后，以之字形，撒于烘焙好了的肉桂卷表面。

Tip 1 面团材料中的脱脂奶粉请与高筋面粉、砂糖、即发干酵母、食盐一起放入。用面团材料中的鸡蛋和水代替牛奶加入 面团。

Tip 2 面团量减半之后制作时，向四周各擀压 30cm 左右，将其擀压成方形。

黄油卷

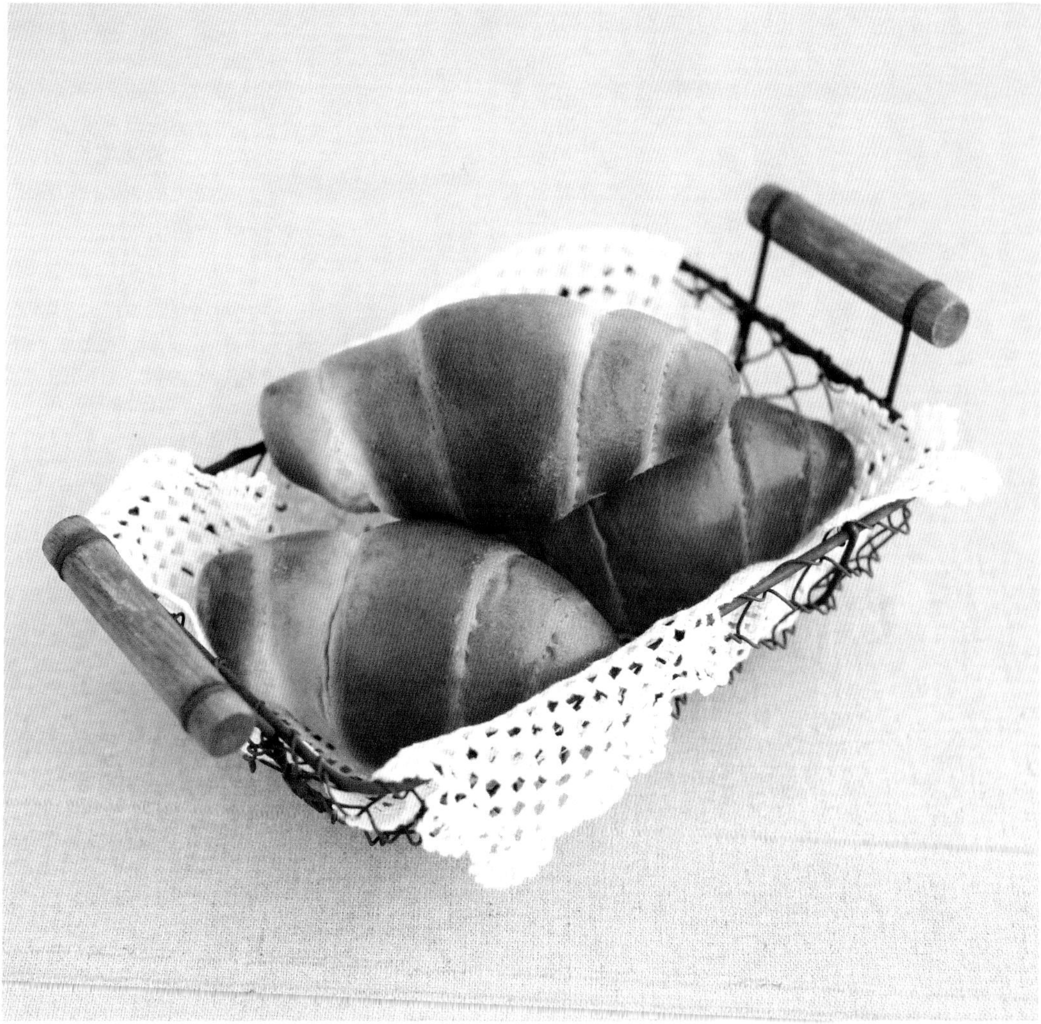

黄油卷做成海螺模样，看起来就很好吃的样子。烘烤的时候，一直隐约散发出黄油的香气，香气充满了整个房间，顿时觉得做黄油卷的这一天幸福感爆棚。看着黄橙橙地黄油卷，即便只是这样单吃，都觉得美味，如果涂抹点果酱或者芝士，就更加美味了。

Ready（长度为 12cm 6 个）

高筋面粉 150g，即发干酵母 2g，食盐 2g，黄油 20g，鸡蛋 20g，水 70~75ml

其他材料 涂抹碗用的黄油少许，涂抹面团用的鸡蛋浆少许，擀压面团时需撒在平台上的撒粉少许

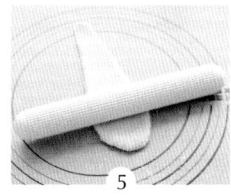

制作第一次发酵面团 将**面团**材料参考第 20 页介绍的牛奶面包第 1~5 点的做法来做出发酵后的面团。Tip 1

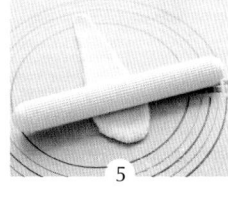

中间发酵 将第一次发酵之后的面团按压并排气，拿出面团后捏成圆形的模样，再用保鲜膜覆盖面团，发酵 10~15 分钟。Tip 2

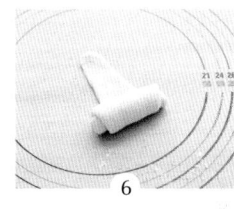

排气后卷起面团 按压经过中间发酵的面团，将气体排出后卷起面团。

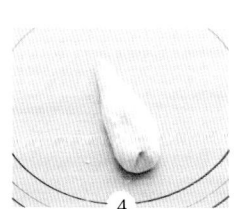

手动擀压面团 用手擀压面团一边的结束位置，使其变细长。

尽可能地擀压面团 请将面团擀压薄些，长度为 20cm 左右即可。

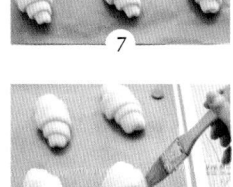

卷成海螺模样 将已经擀压的很薄的面团从宽的一边开始向窄的一边卷起来，做成海螺形状。

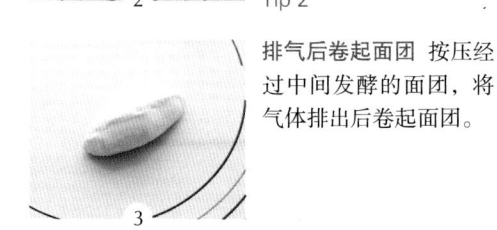

第二次发酵 尽可能将变重叠的结尾部分置于面团底部，放入烤盘上拿到温暖的地方进行 40 分钟左右的第二次发酵。

烘烤 在经过第二次发酵之后的面团上涂抹上薄薄地一层鸡蛋浆之后，放入通过 180~190℃预热之后的烤箱，进行 13~16 分钟的烘烤。

Tip 1　用面团材料中的鸡蛋和水代替牛奶加入面团。
Tip 2　在将面团分成几等份的时候，面团的重量和大小要一样，每一个都要用秤磅过重量相同才行，只有这样，做出来的面包形状和大小才会一致。

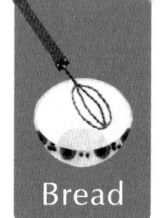

Bread

200℃ 12~15 分钟

芝麻团

糕点团儿从几年前开始便掀起了一股人气热潮，它就像是婴儿皮肤般柔软细腻，拥有着如牛奶般光泽的内瓤，充满了魅力，在这样的团儿上再撒上芝麻，就是美味的芝麻团了。因为在面团中加入了芝麻，所以不仅仅是有着香喷喷的味道，而且在咀嚼时还会有噼噼啪啪的质感哦。

面团 高筋面粉 200g，砂糖 25g，即发干酵母 3g，食盐 2~3g，黄油 25g，牛奶 135ml，芝麻 10g

其他材料 面团的芝麻 20~30g，涂抹碗用的黄油少许，浸湿面团用的牛奶少许，

擀压面团时需撒在平台上的撒粉少许

揉搓面团 将**面团**材料参考第 20 页介绍的牛奶面包第 1~3 点的做法制作并揉搓后加入芝麻，这时请再次揉搓。

第一次发酵 在碗里涂抹黄油之后，拿出面团后捏成圆形的模样，再用保鲜膜覆盖面团，使之进行 35~40 分钟的第一次发酵。

中间发酵 将第一次发酵后的面团按压并排气，拿出面团后分成四等份，再捏成圆形的模样，用保鲜膜覆盖，使之进行 10~15 分钟的中间发酵。

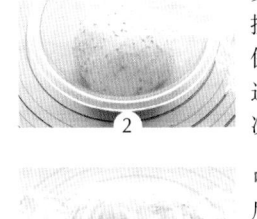
浸湿牛奶 将经过中间发酵之后的面团捏成圆形，排气之后将其中一边的面浸入牛奶。

蘸芝麻 请将面团中浸湿牛奶的那一面蘸满芝麻。

第二次发酵 将蘸满芝麻的面团，放在烤盘上拿到温暖的地方进行 40 分钟左右的第二次发酵。

烘烤 在经过第二次发酵之后的面团上用刀子刻出十字花模样之后，放入通过 200℃预热之后的烤箱，进行 12~15 分钟的烘烤。

8"PIE
9"PIE
10"PIE

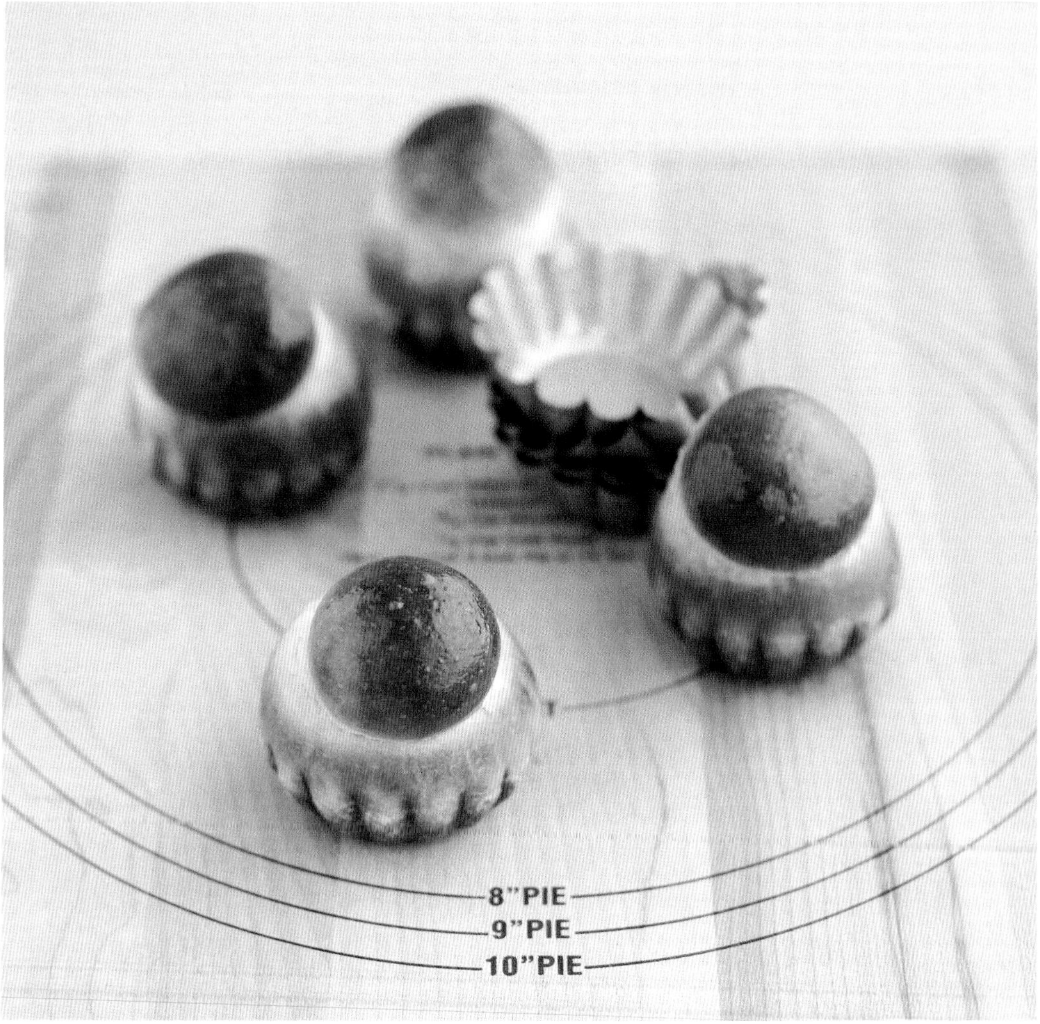

奶油蛋卷

奶油蛋卷是法国极具代表性的面包，里面加入了满满的黄油和鸡蛋，拥有湿润又柔软的质感，这就是奶油蛋卷的特点。如果是和可可或者牛奶一起吃的话，真的是好美味。虽然做成雪人的模样很漂亮，但是用家里有的模具来做出各种模样也是不错的选择，大家可以尝试下。

面团 高筋面粉 150g，砂糖 15g，即发干酵母 3g，食盐 3g，黄油 45g，鸡蛋 77~78g，水 10ml

其他材料 涂抹碗用的黄油少许，涂抹面团用的鸡蛋浆少许，擀压面团时需撒在平台上的撒粉少许

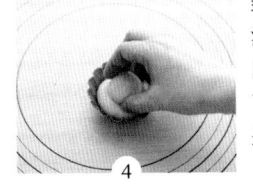

第一次发酵 将**面团**材料参考第 20 页介绍的牛奶面包第 1~5 点的做法做出发酵后的面团。Tip 1

中间发酵 将第一次发酵后的面团按压排气，拿出面团将其分成六等份后再捏成圆形模样，用保鲜膜覆盖面团，使之进行 10~15 分钟的发酵。

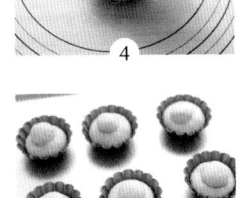

排气整形 将中间发酵后的面团捏成圆形的模样，将排气之后的面团的 1/3 处用手刀擀压分成大小两块面团。

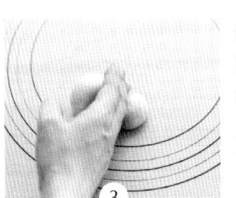

装面团 将奶油蛋卷模具涂抹黄油之后将大块面团放入模具中，在其上面放上小块面团，请使劲按压。Tip 2

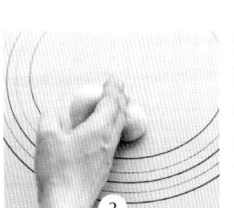

第二次发酵 将面团拿到温暖的地方进行 40 分钟左右的第二次发酵。

烘烤 在经过第二次发酵之后的面团上刷上薄薄一层鸡蛋浆之后，放入经过 180~190℃预热之后的烤箱中进行 12~15 分钟的烘烤。

Tip 1 用面团材料中的鸡蛋和水代替牛奶加入面团。因为黄油用量比较多的关系，在揉搓过程中，比较容易粘住。请利用刮刀，将粘在平台上的面团刮下来，均匀揉搓。

Tip 2 如果没有奶油蛋卷模具的话，将面团捏成圆形的之后放入烤箱烘烤或者使用一磅蛋糕模具，还有马芬蛋糕模具都可以。

Bread

190℃

17~20 分钟

汉拿山面包

犹太人们喜欢吃的汉拿山面包的特点就是编成紧密地辫子模样。他们既喜欢编成细长的模样，也喜欢做成两端粘住，圆形的像草垫那样很漂亮。切的时候断面看上去很像云彩那样凹凸不平，看上去很可爱。

面团 高筋面粉 200g，砂糖 25g，即发干酵母 3g，食盐 2g，黄油 30g，鸡蛋 40g，水 80ml

其他材料 涂抹碗用的黄油少许，涂抹面团用的鸡蛋浆少许，芝麻少许，

擀压面团时需撒在平台上的撒粉少许

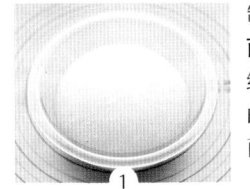

制作第一次发酵面团 将**面团**材料参考第 20 页介绍的牛奶面包第 1~5 点的做法来做出发酵后的面团。Tip

1

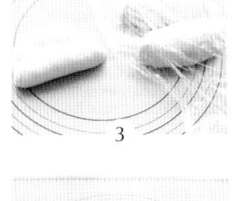

中间发酵 将第一次发酵的面团按压并排气，将其分成三等份，捏成圆形，再用保鲜膜覆盖面团，进行 10~15 分钟的中间发酵。

2

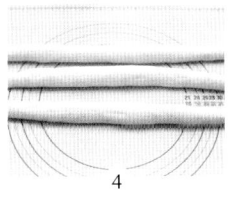

排气后卷起面团 按扁已经经过中间发酵的面团，将气体排出后卷起面团，面团的结尾部分的接头处要贴合面团，使接口处平滑。

3

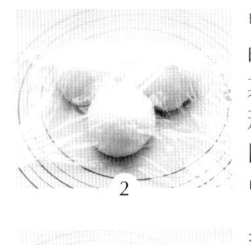

擀压 用手擀压面团使其长度达到 30cm，两端的位置建议擀压细长些会好点。

4

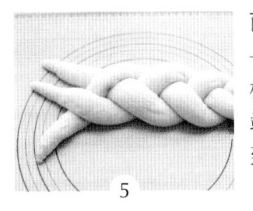

面团整形 将三根面团的一端固定，然后编成宽松的辫子形状。辫子两端请尽量放到底部看不到的位置。

5

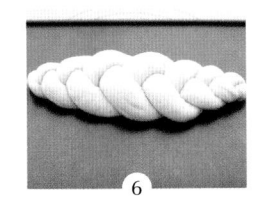

第二次发酵 将整形之后的面团置于烤盘上之后，拿到温暖的地方进行 40 分钟左右的第二次发酵。

6

烘烤 在经过第二次发酵之后的面团上涂抹上薄薄地一层鸡蛋浆，撒上芝麻之后放入已经通过 190℃预热之后的烤箱，进行 17~20 分钟的烘烤。

7

Tip 用面团材料中的鸡蛋和水代替牛奶加入面团。

190℃   13~16 分钟

Bread

香肠面包

饥饿的时候去面包店里一定会买来吃的就属香肠面包了。因为不论是从色感还是味道上来说都是值得吃的，所以相应地刺激了我们的视觉和嗅觉。从现在开始就试着在家做香肠面包吧。压实的腌菜、酸辣芥末酱、调味番茄酱等调味料搭配着吃的话会非常美味。

小香肠 6 个

面团 高筋面粉 160g，砂糖 15g，即发干酵母 2g，食盐 2g，黄油 20g，鸡蛋 20g，水 80ml

其他材料 涂抹碗用的黄油少许，涂抹面团用的鸡蛋浆少许，擀压面团时需撒在平台上的撒粉少许

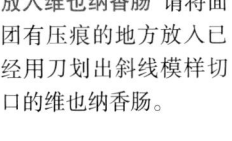

维也纳香肠切割 请将维也纳香肠划出几道斜线模样的切口。

1

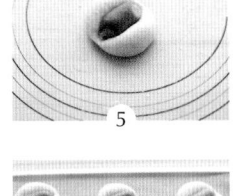

制作第一次发酵面团 将**面团**材料参考第 20 页介绍的牛奶面包第 1~5 点的做法来做出发酵后的面团。Tip

2

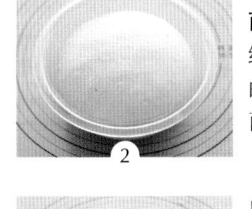

中间发酵 将第一次发酵的面团按压并排气，将其分成 6 等份，捏成圆形，再用保鲜膜覆盖面团，进行 10~15 分钟的中间发酵。

3

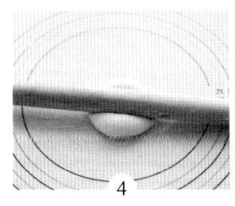

面饼排气，压出凹槽 将发酵到一半的面饼揉成原型，排出气体后，用擀面杖压出凹槽。

4

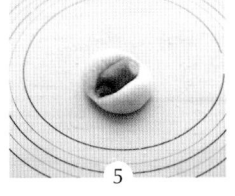

放入维也纳香肠 请将面团有压痕的地方放入已经用刀划出斜线模样切口的维也纳香肠。

5

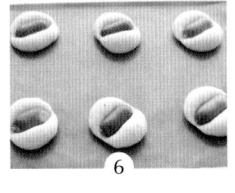

第二次发酵 将放有维也纳香肠的面团置于烤盘上之后，拿到温暖的地方进行 40 分钟左右的第二次发酵。

6

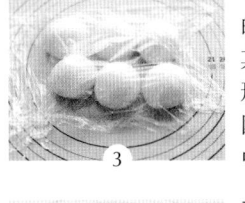

烘烤 在经过第二次发酵之后的面团上涂抹上薄薄地一层鸡蛋浆之后，放进已经通过 190℃预热之后的烤箱，进行 13~16 分钟的烘烤。

7

Tip 用面团材料中的鸡蛋和水代替牛奶加入面团。

 180℃

 20分钟

Bread

黑芝麻面包

黑芝麻钙含量是芝士的 2 倍，鸡蛋的 11 倍，黑芝麻面包就是添加了满满的黑芝麻而做出的面包。若是一口咬下去，可以感受到口腔里充满了香喷喷的芝麻香味，这就是它的魅力。你可以单个单个的做成圆形放在烤盘上烘烤，也可以放在一磅蛋糕模具里，做成面包模样去烘烤。

Ready（大小为 15x7cm 的一磅蛋糕模具 2 个）

面团 高筋面粉 160g，黑芝麻 10g，砂糖 20g，即发干酵母 3g，食盐 2g，
黄油 20g，鸡蛋 20g，牛奶 20ml，水 55~60ml

淀粉 白淀粉 200g，黑芝麻 15g

其他材料 涂抹碗用的黄油少许，涂擦压面团时需撒在平台上的撒粉少许

高筋面粉，黑芝麻研磨 将制作**面团**用到的高筋面粉和黑芝麻放入食材加工机中打碎研磨。

制作第一次发酵面团 将研磨好的高筋面粉和芝麻以及材料和面并发酵。（参考第 20 页介绍的牛奶面包步骤 1–5。）Tip 1

中间发酵 将第一次发酵的面团按压并排气，将其分成六等份，捏成圆形，再用保鲜膜覆盖面团，进行 10~15 分钟的中间发酵。

制作淀粉 请将制作**淀粉**用的黑芝麻放入食材加工机中打碎研磨，并与白色淀粉均匀混合之后，分成 6 等份捏成圆形。

加入淀粉后包裹 中间发酵结束后，将面团压扁排气，再将捏成圆形的淀粉放在面团上。

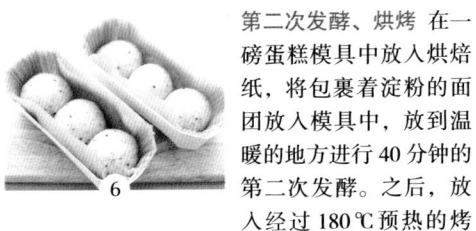

第二次发酵、烘烤 在一磅蛋糕模具中放入烘焙纸，将包裹着淀粉的面团放入模具中，放到温暖的地方进行 40 分钟的第二次发酵。之后，放入经过 180℃ 预热的烤箱，烘烤 20 分钟即可。Tip 2

Tip 1 将面团材料中的鸡蛋和水同牛奶一起加入面团，在加入砂糖、即发干酵母、食盐时，同时加入经过研磨后的高筋面粉和黑芝麻。

Tip 2 若是没有一磅蛋糕模具的话，可以直接将面团放在烤盘上烘烤，或者用马芬蛋糕模具来做。

Bread

180℃

15~18 分钟

红豆面包

小时候纠缠妈妈买的红豆面包，那记忆中的味道，现在即使长大了也无法忘记。请在家中尝试做出这记忆中的闪着耀眼光泽和香味扑鼻的红豆面包吧，让小时候的幸福感再次复苏。

红豆沙 240g

面团 高筋面粉 160g，砂糖 20g，即发干酵母 3g，食盐 2g，黄油 20g，鸡蛋 20g，牛奶 20ml，水 55~60ml

其他材料 涂抹碗用的黄油少许，涂抹面团用的鸡蛋浆少许，涂擀压面团时需撒在平台上的撒粉少许

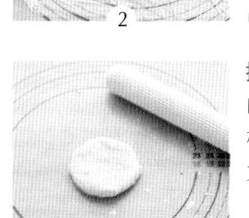

制作第一次发酵面团 将**面团**材料参考第 20 页介绍的牛奶面包第 1~5 点的做法来做出发酵后的面团。Tip 1

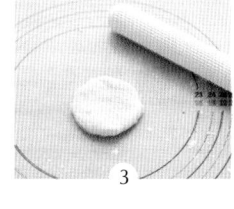

中间发酵 将第一次发酵的面团按压并排气，将其分成八等份，捏成圆形，再用保鲜膜覆盖面团，进行 10~15 分钟的中间发酵。

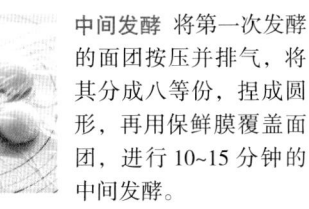

擀压 按压经过中间发酵的面团并排气，用擀面杖擀压面团，不用擀的太薄，可以稍厚点。

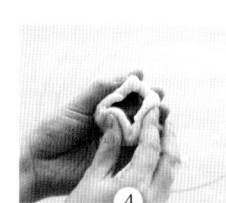

加入红豆沙 每次取出 30g 的红豆沙，捏圆后放入已经用擀面杖压扁的面团中。

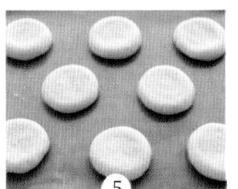

整形 放入红豆沙并包裹好的面团放在烤盘上，将其压扁。

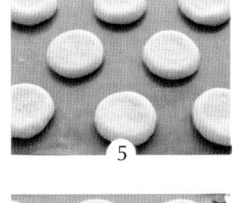

第二次发酵 用计量勺按压扁面团，力度在勺子接触到平台上为好。之后，将面团放到温暖的地方进行 40 分钟的第二次发酵。Tip 2

烘烤 在经过第二次发酵之后的面团上涂抹上薄薄地一层鸡蛋浆之后，放进已经通过 180℃ 预热之后的烤箱，进行 15~18 分钟的烘烤。

Tip 1 将面团材料中的鸡蛋和水同牛奶一起加入面团。

Tip 2 在按压面团的时候，请使用同一款计量勺，让面团达到深陷的程度。为了避免发生面团粘在计量勺上，可以用少许高筋面粉包裹面团之后再按压。

Bread

200℃   15~18 分钟

木斯里面包

木斯里（Muesli）与燕麦片属于相同谷物，杏仁或向日葵籽属于相同坚果类，这两样加上干葡萄或者干果混合在一起，一般在外国被当作麦片那样泡在牛奶里当早餐吃。请各位尝试将富含多种营养的木斯里面包当作健康早餐来食用吧！

面团 高筋面粉 130g，全麦粉 30g，砂糖 10g，即发干酵母 3g，食盐 2g，黄油 10g，水 95ml，木斯里 50g

其他材料 涂抹碗用的黄油少许，包裹面团用的全麦粉适量，涂擀压面团时需撒在平台上的撒粉少许

揉搓面团 除木斯里之外的**面团**材料请参考第20页介绍的牛奶面包第1~3点的做法制作，揉过面团之后加入木斯里，继续揉面团。Tip

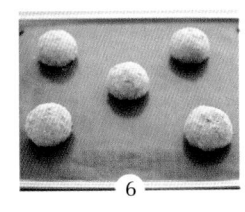

第一次发酵 在碗里涂抹黄油之后，将已经捏成圆形模样的面团放进碗里，使其进行 35~40 分钟的第一次发酵。

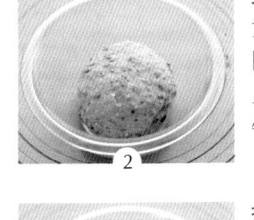

排气 将经过第一次发酵之后的面团按压并排气。

中间发酵 将排气后的面团分成 5 等份之后，再捏成圆形的模样，并用保鲜膜覆盖面团，使之进行 10~15 分钟的中间发酵。

蘸取全麦粉 中间发酵过后，将面团捏圆，排气后让其中一面蘸取全麦粉。

第二次发酵 将蘸满全麦粉的面团，放在烤盘上拿到温暖的地方进行 40 分钟左右的第二次发酵。

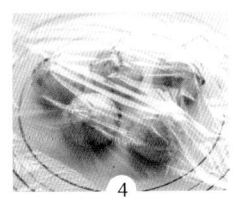

烘烤 将经过第二次发酵之后的面团放入通过 200℃预热之后的烤箱，进行 15~18 分钟的烘烤。

Tip 在加入高筋面粉、砂糖、即发干酵母、食盐时，面团材料中的全麦粉也一起加进去。用面团材料中的水代替牛奶。木斯里在大型超市里可以买到，使用比较方便。若是购买不到木斯里的话，用燕麦片和坚果类来混合使用也可以。

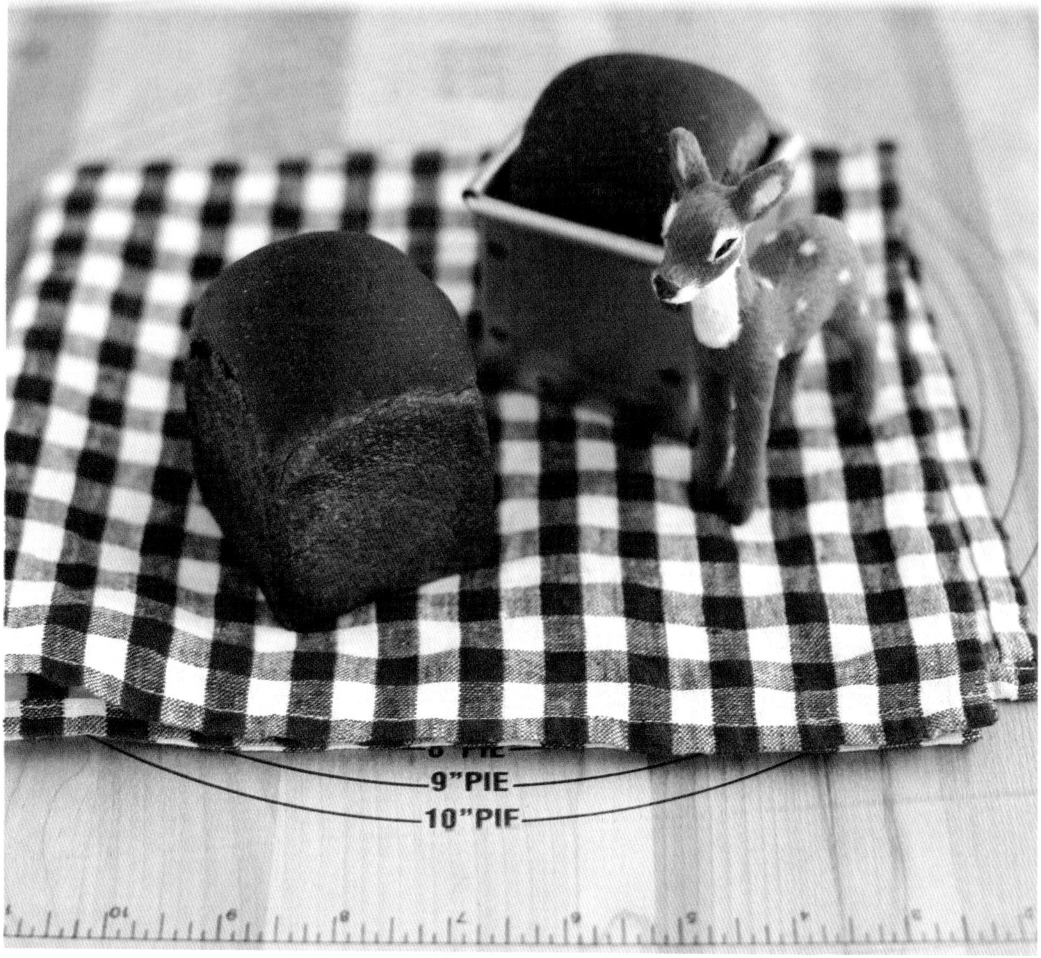

可可面包

只用巧克力面团做成面包的样子，咬一口才会发现其实是口感如丝绸般柔滑的巧克力味道的糕点。给孩子准备这样的点心作零食，再配上一杯牛奶，一定会成为人气阿妈哟！

Ready（6.5cm 大小的四方形四角模具 4 个）

巧克力碎 30~40g

面团 高筋面粉 145g，无糖可可粉 15g，砂糖 15g，即发干酵母 3g，食盐 2g，黄油 20g，

鸡蛋 20g，牛奶 20ml，水 60~63ml

其他材料 涂抹碗用的黄油少许，擀压面团时需撒在平台上的撒粉少许

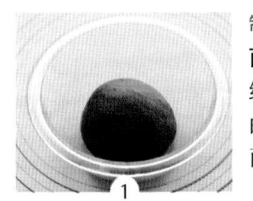

制作第一次发酵面团 将**面团**材料参考第 20 页介绍的牛奶面包第 1~5 点的做法来做出发酵后的面团。Tip 1

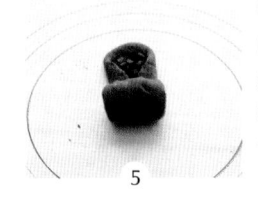

卷面团 将放入巧克力块的面团两边折向中间，然后再卷起来，面团的结尾部分的接头处要贴合面团，使接口处平滑。

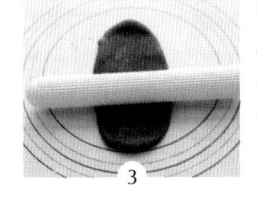

中间发酵 将第一次发酵的面团按压并排气，将其分成四等份，捏成圆形，再用保鲜膜覆盖面团，进行 10~15 分钟的中间发酵。

第二次发酵 将四角模具刷好黄油，放入已经卷好的面团之后，拿到温暖的地方进行 40 分钟左右的二次发酵。

排气擀压 将中间发酵过后的面团按压排气后，用擀面杖擀压面团，使其两端的位置擀压细长。

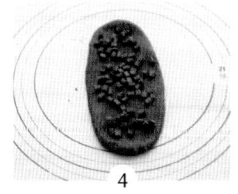

烘烤 将经过第二次发酵之后的面团放入通过 180~190 ℃ 预热之后的烤箱，进行 15~20 分钟的烘烤。

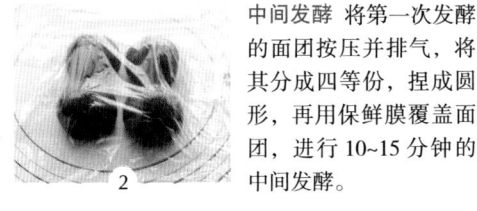

添加巧克力块 在擀压细长的面团上放上巧克力块。Tip 2

Tip 1 加入高筋面粉、砂糖、即发干酵母、食盐时，同时加入无糖可可粉，将鸡蛋和水同牛奶一起加入面团。

Tip 2 不仅是巧克力块，使用和胡桃类似的坚果类都很美味的。

英式松饼

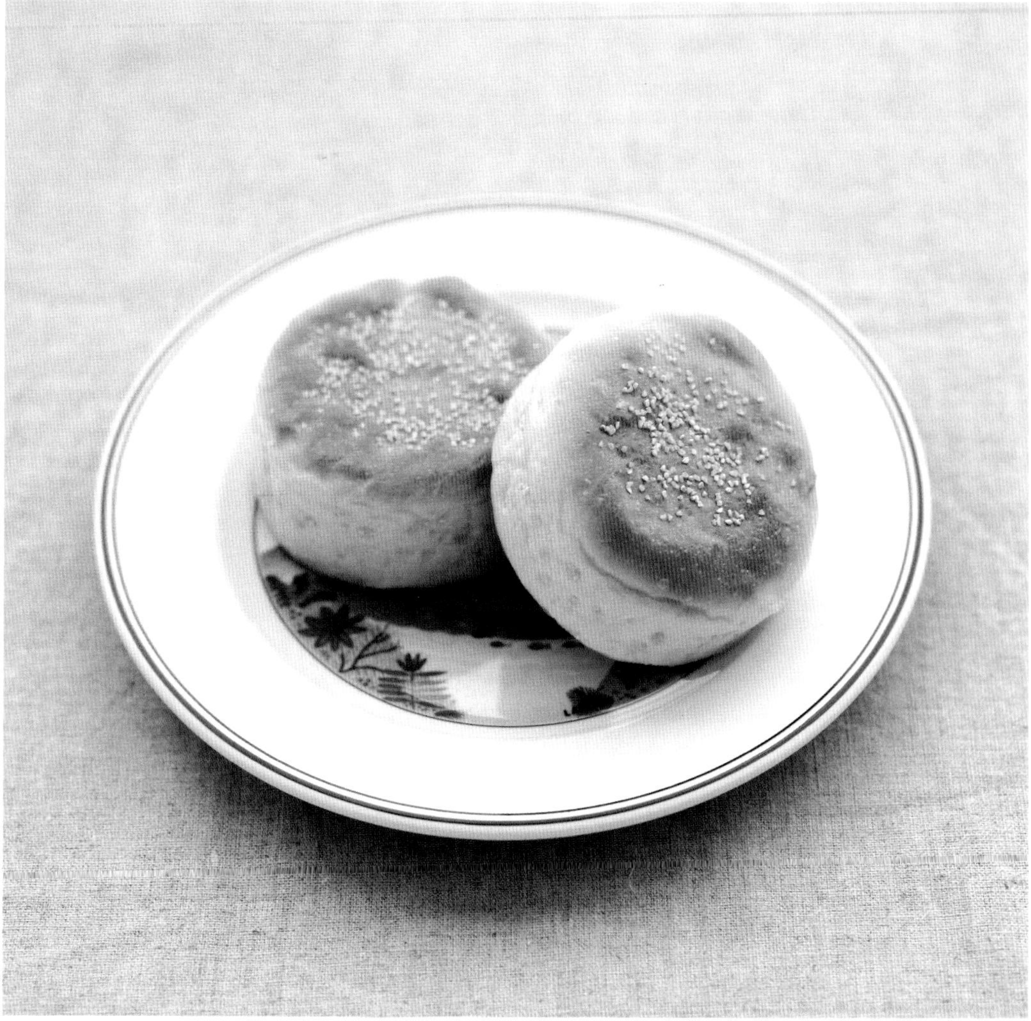

在英国，早餐就是吃英式松饼，它加入了北京面粉，同夸张的美式松饼具有不同味道、质感、模样。扁扁宽宽的样子，尝试像煎鸡蛋或者夹腌肉三明治那样做一下吧。

面团 高筋面粉 200g，玉米粉 15g，砂糖 20g，即发干酵母 3g，食盐 3g，黄油 25g，水 130~135ml

其他材料 涂抹碗用的黄油少许，撒在面团上的玉米粉少许，擀压面团时需撒在平台上的撒粉少许

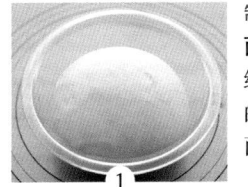

制作第一次发酵面团 将**面团**材料参考第 20 页介绍的牛奶面包第 1~5 点的做法来做出发酵后的面团。Tip 1

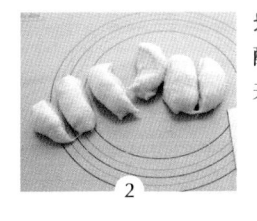

划分 6 等份 将第一次发酵之后的面团按压排气，并取出将其分成 6 等份。

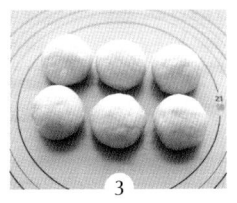

中间发酵 将分成 6 等份的面团捏成圆形的模样，再用保鲜膜覆盖面团，使之进行 10~15 分钟的中间发酵。之后再捏成圆形模样，进行排气。

撒玉米粉 将圆形模具涂抹黄油，放入已经排气过后的面团，再将其放入烤盘，之后撒些玉米粉。Tip 2

第二次发酵、烘烤 在放着面团的烤盘上面再放一片大的烤盘，将两个重叠，在进行 40 分钟的第二次发酵。之后就放入经过 190℃预热的烤箱中，进行 15~17 分钟的烘烤即可。Tip 3

Tip 1 加入高筋面粉、砂糖、即发干酵母、食盐时，同时加入玉米粉，用牛奶代替水来加入面团。

Tip 2 使用底部被打通的英式松饼模具，虽然很方便，但是若没有英式松饼模具的时候，将厚纸剪的长些，两端粘起来做成圆形来用也可以。

Tip 3 为了避免英式松饼底部烤焦或者变硬，将 2 层烤盘重叠后烘烤，或者在烤盘上铺上铁氟龙薄板后烘烤。面团表面也用铁氟龙薄片盖住烘焙的话，可以防止水分流失。

200 → 180℃　　10分钟→10分钟

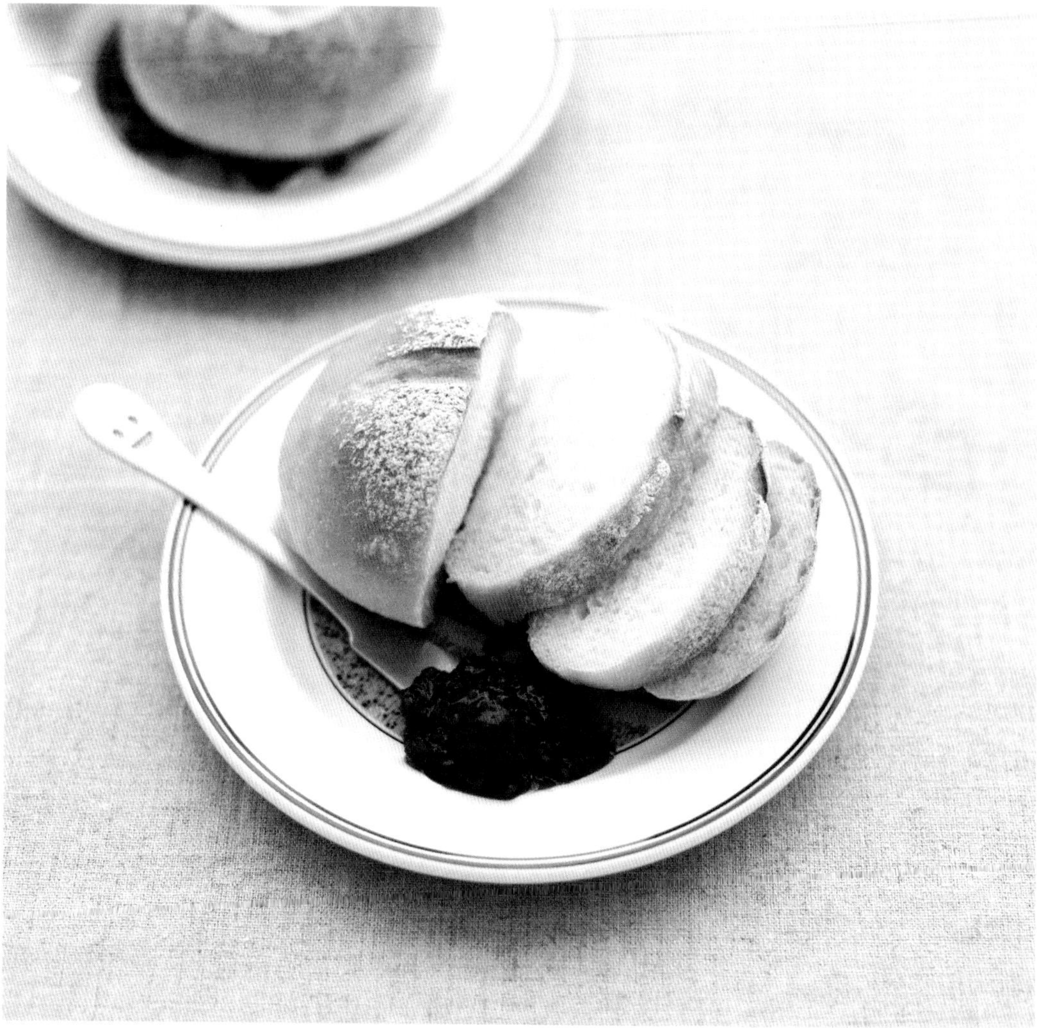

硬质面包

之所以叫"硬质面包"这个名字是因为表面坚硬且粘。在国外，这是一款非常基本的面包，和饭前开胃汤一起呈上，准备好了可以直接吃那种，或者将内瓤刮下来盛汤也行。现在为大家介绍不添加黄油等油脂类材料，既干脆又清淡的硬质面包。

面团 高筋面粉 200g，砂糖 10g，食盐 4g，即发干酵母 3g，水 130ml

其他材料 涂抹碗用的黄油少许，撒在面团上的高筋面粉少许，擀压面团时需撒在平台上的撒粉少许

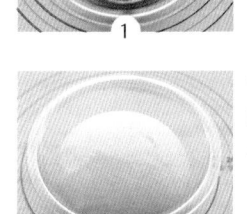

制作第一次发酵面团 将**面团**材料参考第 20 页介绍的牛奶面包第 1~5 点的做法来做出发酵后的面团。Tip 1

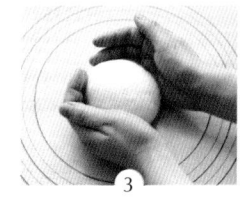

排气 将第一次发酵之后的面团按压排气之后取出。

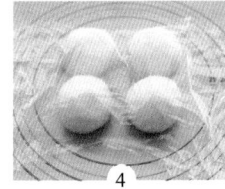

捏样子 将面团分成 6 等份之后，捏成圆形的模样。

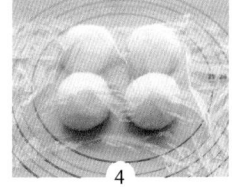

中间发酵 将捏成圆形模样的面团用保鲜膜覆盖，使之进行 10~15 分钟的中间发酵。

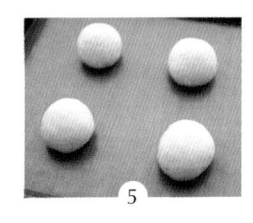

第二次发酵 将已经经过中间的发酵面团捏成圆形、排气之后放置于烤盘上面，进行 40 分钟的第二次发酵。

烘烤 在经过第二次发酵的面团上面撒上高筋面粉，用刻刀刻上十字花模样之后，放入经过 200℃ 预热的烤箱 10 分钟，再下调温度至 180℃ 进行 10 分钟的烘烤即可。Tip 2

Tip 1 做硬面包的时候，因为没有添加黄油，所以省略了那些加入黄油之后面团混合揉捏的过程。

Tip 2 预热烤箱的时候，请将装满水的容器提前放入烤箱。将盛放面团的烤盘放入烤箱的时候，请用喷雾器在烤箱里喷水。这样的话，就可以做出外酥里嫩的硬质面包了。

南瓜甜甜圈

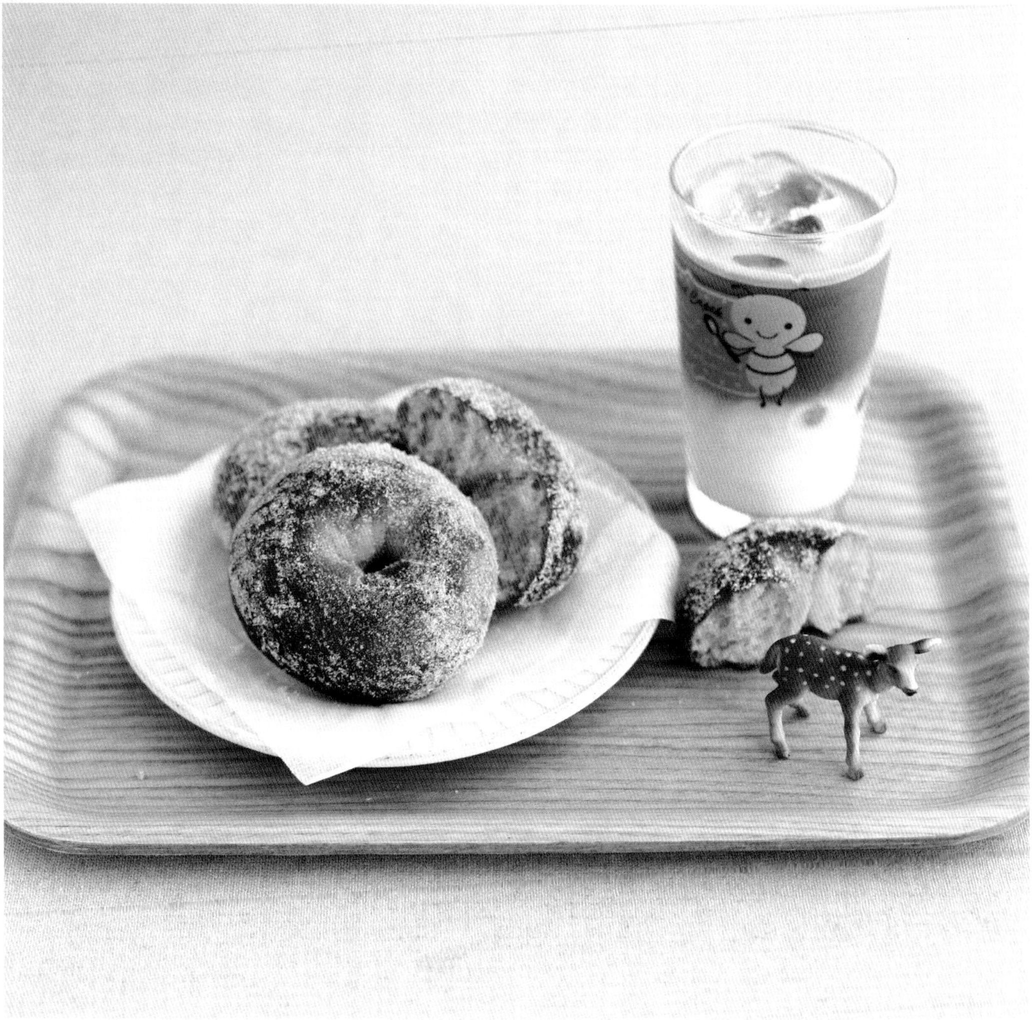

现在给大家介绍，不用油炸而是放在烤箱中烘烤、口味清淡的甜甜圈。因为在面团中加入了南瓜，所以大家可以感受到香甜的风味。不仅仅有南瓜，还可以添加萝卜、菠菜等多种蔬菜汁，这可以让甜甜圈变得既健康又美味。

Ready（直径 8cm 大小 8 个）

面团 高筋面粉 150g，砂糖 15g，即发干酵母 2g，食盐 2g，黄油 30g，鸡蛋 40g，水 10ml，南瓜糊 75g

肉桂糖 砂糖少许，肉桂粉少许

其他材料 涂抹碗和甜甜圈用的黄油少许，涂抹面团用的鸡蛋浆少许，擀压面团时需撒在平台上的撒粉少许

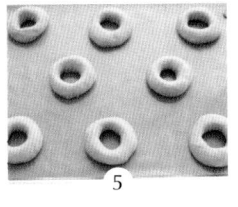

制作第一次发酵面团 将**面团**材料参考第 20 页介绍的牛奶面包第 1~5 点的做法来做出发酵后的面团。Tip 1

1

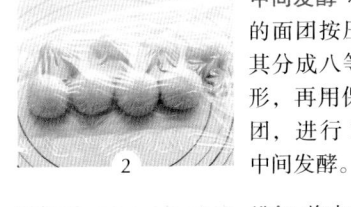

中间发酵 将第一次发酵的面团按压并排气，将其分成八等份，捏成圆形，再用保鲜膜覆盖面团，进行 10~15 分钟的中间发酵。

2

排气 将中间发酵过后的面团捏成圆形，进行排气之后，请在面团中央位置用手指戳一个洞。

3

戳洞 请用手指从面团中央戳一大洞，穿透整个面团。

4

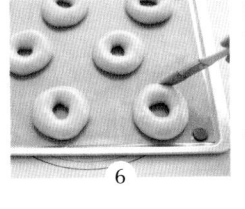

第二次发酵 将戳过洞的面团放置于烤盘上，拿到温暖的地方进行 40 分钟左右的第二次发酵。

5

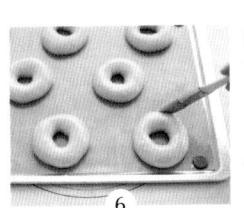

烘烤 给发酵后的面团表面刷一层鸡蛋液，放入 180℃预热后的烤箱烘烤 12–16 分钟。烘烤后的甜甜圈请涂抹黄油。

6

用肉桂糖包裹 将肉桂糖和刷过黄油的甜甜圈放入塑料袋中，摇晃混合。Tip 2

7

Tip 1 牛奶用面团材料中的鸡蛋、水、南瓜糊来代替，做南瓜糊的时候，请估算出比实际要用的份量稍微多些的量，然后放入微波炉或者蒸锅内蒸熟，只需刮出橙黄色的内瓤来，用手动搅拌器捣碎，直到捣成糊状为止。

Tip 2 将糖粉 50g 和牛奶 15ml 混合做成浆汁之后，撒在甜甜圈上面，浆汁甜甜圈就做好了。

曲奇，无论何时吃，都是零负担的美味。不管多少，都能以令人期待的模样做出来，修顶可以比较自由，可以做得更多样化。若是拥有多种多样的曲奇模具，那自然最好了，若只有几个模具，用手进行整形后做出来也是不错的。比如将面团捏稍长些后，使之弯曲，做成新月小酥饼，或者利用餐叉或擀面杖做出花纹也行。一口将点心塞进嘴巴，其酥脆的质感传递到了全身每一个毛孔，若再配上一杯茶，那就会像神仙般快乐了。请大家从现在开始尝试体会这份快乐吧！

Part 2

一份从容
点心

Cookie 170℃ 20分钟

肉桂卷曲奇

它就是像肉桂卷那样卷起来，让花纹干燥后，变得很有趣的曲奇。在曲奇面团上撒上肉桂糖，最后呈现的就是拥有肉桂香和独特色泽的美味肉桂卷曲奇了。

低筋面粉 200g，砂糖 80g，发酵粉 1g，香草粉（还有香草豆）少许，食盐少许，黄油 90g，鸡蛋 50g

肉桂糖 砂糖 30g，肉桂粉 2~3g

其他材料 擀压面团时需撒在平台上的撒粉少许

黄油霜化 将柔软细腻的黄油放入碗中，由于都黏在一起，将其打散后加入砂糖和食盐，再进行混合搅拌。

1

加入鸡蛋汁 黄油颜色变成乳白色之后，将鸡蛋打散搅拌后加入并混合搅拌。

2

加入面粉材料 黄油和鸡蛋汁混合均匀，将低筋面粉、发酵粉、香草粉用筛子筛过后倒入混合做成面团。

3

停止发酵 将面团揉成一大块，装入塑料袋中，将其按压平整之后，放入冰箱中进行 30~1 小时左右的停止发酵。

4

擀压面团 取出停止发酵的面团，用擀面杖将面团以 27cm 大小的尺寸向四周擀压。Tip

5

撒入肉桂糖 肉桂糖材料混合后，将其薄薄的均匀的在撒在面团上。

6

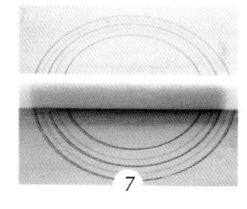

卷起使之凝固 卷起面团之后，用烘焙纸或者银箔将其包裹，放入冰箱中 1 个小时，使其凝固。

7

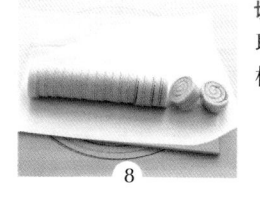

切割 将凝固变硬的面团取出，以 7mm 的厚度为标准，将其切割。

8

烘烤 在烤盘上铺好一张烘焙纸，将按照 7mm 厚度切割好的面团拿到烤盘上之后，将其放在经过 170℃ 预热后的烤箱内，进行 20 分钟的烘烤。

9

Tip 面团要在凉快的地方尽快擀压比较好，尽可能擀压的薄些，这样才能做出干脆可口的曲奇。

Cookie

170℃

17–20 分钟

葡萄干茶曲奇

它是非常适合喝红茶时搭配食用的曲奇。之前去日本的时候在茶店试吃了和茶一起上的小巧玲珑的葡萄干曲奇，之后就做了这款甜点。葡萄干的质感和香甜的味道就是它的魅力。

Ready（直径 5cm 大小圆形褶皱花边模具 15~20 个）

低筋面粉 160g，砂糖 70g，杏仁粉 40g，发酵粉 1g，香草粉（还有香草豆）少许，

食盐少许，黄油 100g，鸡蛋黄 30g，葡萄干 40g

其他材料 涂抹面团用的鸡蛋白少许，撒在面团上的砂糖少许，擀压面团时需撒在平台上的撒粉少许

黄油霜化 将柔软细腻的黄油放入碗中，由于都黏在一起，将其打散后加入砂糖和食盐，再进行混合搅拌。

停止发酵 将面团凝结成一大块，装入塑料袋中，将其按压平整之后，放入冰箱中进行 1 小时左右的停止发酵。

加入蛋黄 黄油颜色变成乳白色之后，加入鸡蛋黄并混合搅拌。

擀压面团并整形 取出停止发酵后的面团，以 5mm 为标准的厚度擀压面团后，用圆形褶皱花边模具给面团做整形。

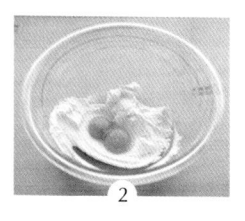

加入香草粉 黄油和鸡蛋黄混合均匀后，加入香草粉，将其混合搅拌。

涂抹鸡蛋白 在烤盘上铺上一张烘焙纸，在上面放上刚才整形标记好的面团，用刷子在面团上面刷上一层薄薄的鸡蛋白。Tip 2

加入面粉材料 香草粉混合均匀后，倒入用筛子筛过的低筋面粉、杏仁粉、发酵粉，将其均匀混合搅拌。

烘烤 在涂抹好鸡蛋白的面团上撒少许砂糖，之后将其放在经过 170℃预热之后的烤箱内，进行 17~20 分钟的烘烤。

加入葡萄干 均匀混合到看不出粉状颗粒的程度，将细小的葡萄干压实后加进去混合搅拌，做成面团。Tip 1

Tip 1 要在材料没有全部凝结成团的状态下加入葡萄干才能搅拌均匀。

Tip 2 在面团表面涂抹鸡蛋白后烘烤的话，要有光泽，颜色不要太深就算是做好了。

燕麦片曲奇

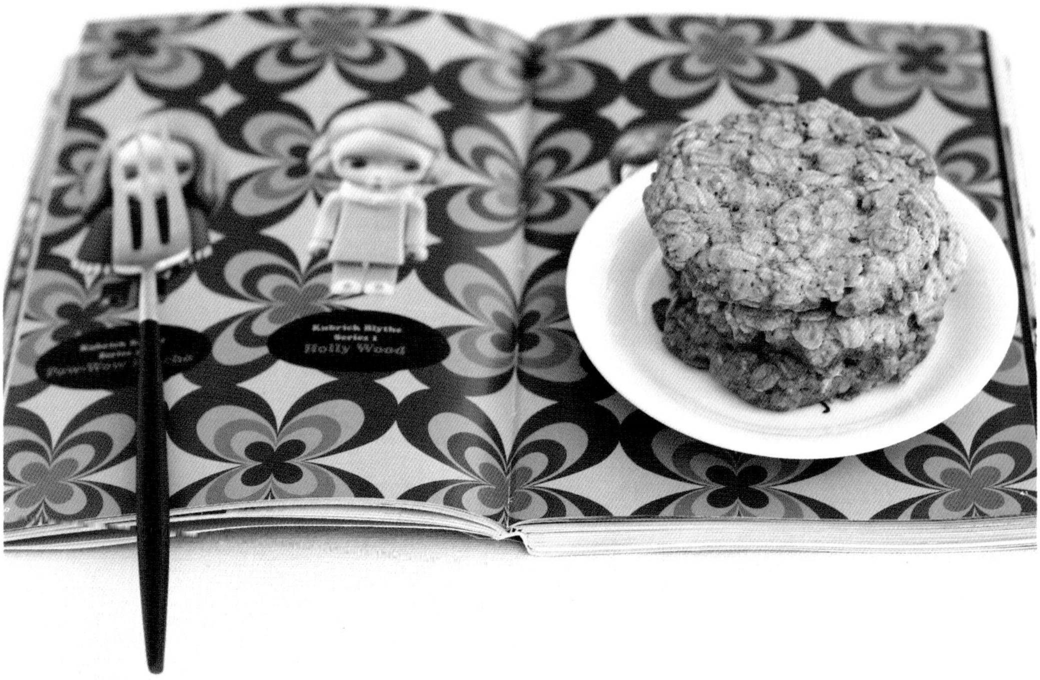

这款甜点加入了满满的燕麦片，含有丰富的食物纤维。因为有着酥脆的口感，所以
这款甜点很受孩子们喜爱。由于制作过程比较简单，相对比较容易就能做出来，所
以可以做给正在上学读书的孩子们吃。

低筋面粉 100g，黄砂糖 80g，苏打粉 3g，香草粉（还有香草豆）少许，食盐少许，

黄油 100g，鸡蛋 50g，燕麦片 200g

黄油霜化 将柔软细腻的黄油放入碗中，由于都黏在一起，将其打散后加入黄砂糖和食盐，再进行混合搅拌。

加入鸡蛋 黄油颜色变成乳白色之后，将鸡蛋打散后加入并混合搅拌。

加入面粉材料、燕麦片 黄油和鸡蛋液混合均匀后，用筛子筛出低筋面粉、苏打粉、香草粉，然后再将其和燕麦片一起加进去。

混合搅拌 以看不出粉状颗粒为标准，混合搅拌后将其做成面团。

烘烤 在烤盘上铺好烘焙纸，一勺一个地将面团放在烤盘上按压平整，之后将其放在经过 170~180 ℃ 预热之后的烤箱内，进行 17~20 分钟的烘烤。Tip

Tip 在将面团放到烤盘上的时候，用舀冰淇淋的勺子来代替一般勺子的话，轻而易举地就可以做出圆形模样，而且大小一致。只有面团的模样和大小一致了，烘烤出来的也才会一致。

黑芝麻油酥饼

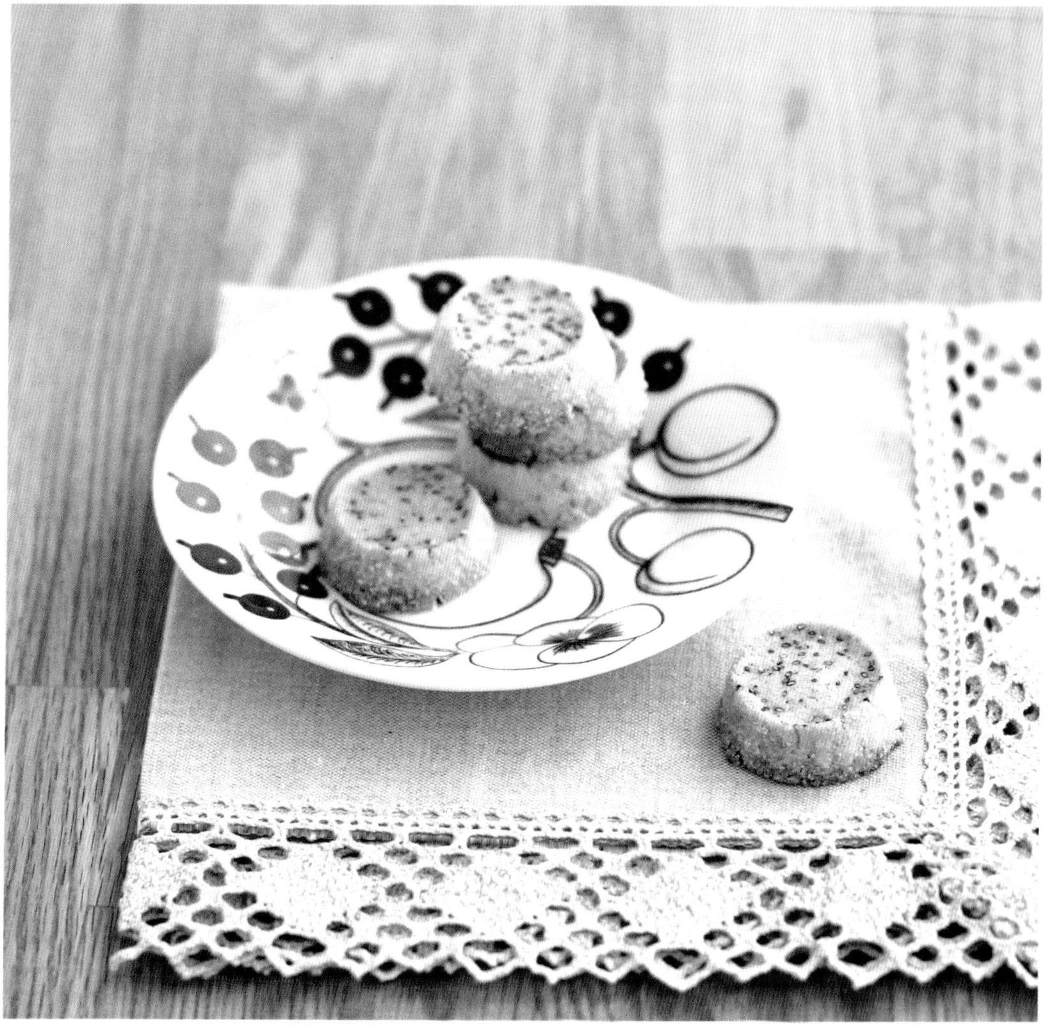

黑芝麻是最具代表性的黑色食物，是蛋白质和钙含量很高的健康食材。沾上了黑芝麻的黑芝麻油酥饼，香浓酥脆的口感，人人都超爱吃。利用食品加工机的话，制作起来就格外简单了。

低筋面粉 200g，砂糖 80g，食盐少许，黄油 100g，鸡蛋 30g，黑芝麻 50g

其他材料 涂抹面团用的蛋液少许，包裹面团用的砂糖少许，擀压面团时需撒在平台上的撒粉少许

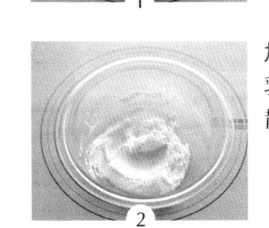

黄油霜化 将柔软细腻的黄油放入碗中，由于都黏在一起，将其打散后加入砂糖和食盐，再进行混合搅拌。Tip 1

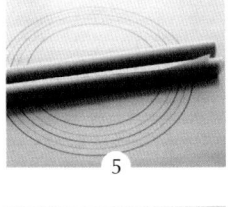

加入鸡蛋 黄油颜色变成乳白色之后，将鸡蛋打散后加入并混合搅拌。

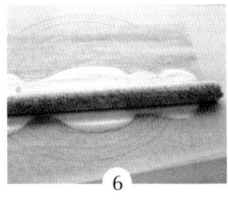

加入低筋面粉、黑芝麻 待黄油和蛋液均匀混合后，将低筋面粉过筛，并加入黑芝麻，均匀混合搅拌到看不出粉状颗粒时，再将其揉成面团。

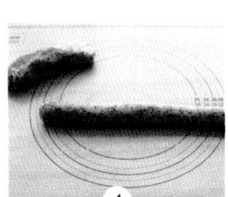

整形 将面团分成两大块之后，各自揉搓成细长条的模样，并对其进行整理。

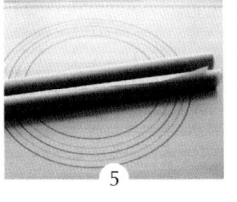

加固 整形后的面团各自用烘焙纸包裹，以直径 3cm 用手推捻之后，放入冰箱进行 1 小时左右的冷冻加固。

蛋液、砂糖加固 面团变硬之后，将烘焙纸拿下来，然后用蛋液和砂糖包裹面团，之后按照 8mm 的厚度标准将其切块。Tip 2

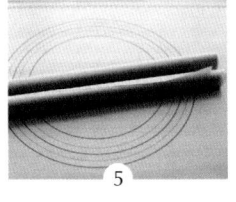

烘烤 在烤盘上铺上一张烘焙纸，在上面放上面团，在面团中间位置用手按压之后，将其放在经过 170℃ 预热之后的烤箱内，进行 15~20 分钟的烘烤。

Tip 1 利用食品加工机更容易做出面团，但是利用食品加工机的时候，请不要使用柔软的黄油，要使用冰凉坚硬的黄油。

Tip 2 撒上砂糖包裹之前，如果涂抹了过多的蛋液的话，在烘烤的时候，鸡蛋和砂糖融合后会留到烤盘上去，所以稍微抹一点点就可以了。

180℃ 15分钟

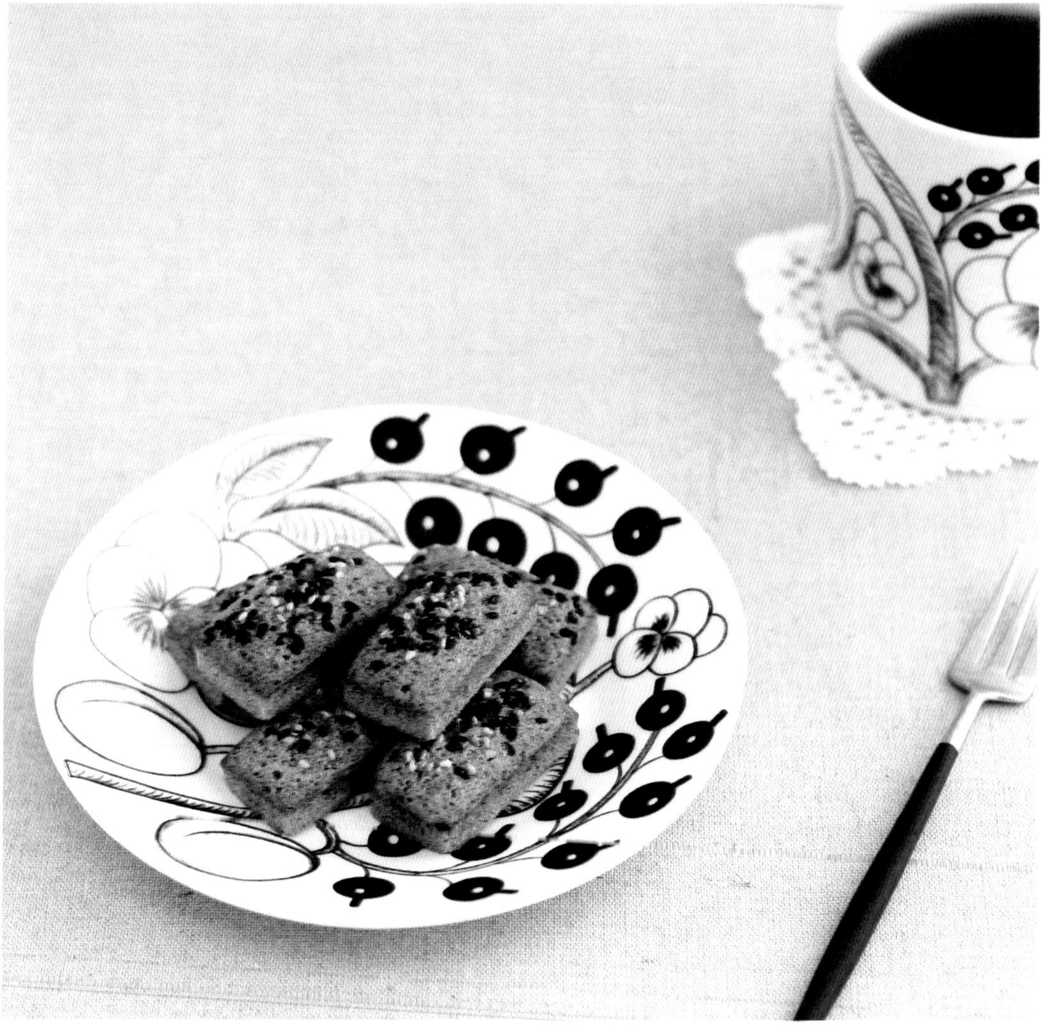

黑芝麻 Financier 蛋糕

用蛋清作为主材料做出的Fianancier蛋糕，在烘烤的时候，最上面部分不要膨胀太多才好。请试着用金条模样的小型模具来制作小巧而可爱的黑芝麻Financier蛋糕吧。利用食品加工机来做的话，打碎黑芝麻之后，同其他材料一起，很容易就可以混合一起做成面团，这样操作格外简单。

Ready（大小为 5x2cm 的 Financier 蛋糕模具 25~27 个）

低筋面粉 250g，砂糖 60g，杏仁粉 50g，细磨的黑芝麻 15g，玉米淀粉 5g，发酵粉 1g，

黄油 100g，蛋清 100g，蜂蜜 20g，食盐少许

其他材料 涂抹面团用的细腻的黄油少许，撒在面团上用的黑芝麻和芝麻少许

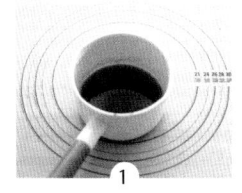

煮黄油 将黄油放入蒸锅中，用小火慢煮至颜色变成褐色之后，使之冷却。

加入面粉材料 砂糖融化之后，用筛子过滤低筋面粉、杏仁粉、玉米淀粉、发酵粉之后，同细磨好的黑芝麻一起加进去混合做出面团。

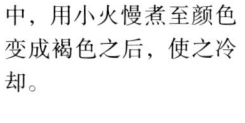

涂抹黄油到模具上 在 Financier 蛋糕模具上均匀涂抹黄油。

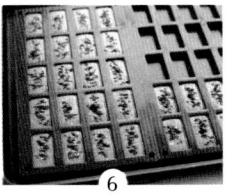

加入煮过的黄油 煮过的黄油变凉之后，用过滤网过滤后倒入面团中一半的量，进行混合。

蛋清提味儿 将砂糖、蛋清、蜂蜜、食盐倒入碗中混合搅拌，要搅拌到砂糖融化为止。

烘烤 将面团放入涂抹过黄油的 Financier 蛋糕模具上，撒上一层黑芝麻和芝麻之后，放入经过 180℃ 预热之后的烤箱内，进行 15 分钟左右的烘烤。

Tip 利用食品加工机来做的话，更容易做出黑芝麻 Financier 蛋糕。1 请将低筋面粉、砂糖、杏仁粉、黑芝麻、玉米淀粉、发酵粉放入食品加工机中打碎研磨。2 在细磨好的材料中加入蜂蜜、蛋清，进行再次打碎研磨。3 最后再加入煮过的黄油，混合搅拌做成面团。

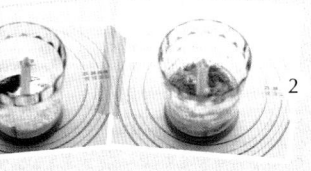

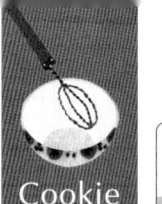

Cookie

| 180℃ | 15分钟 |

南瓜玛德琳蛋糕

加入了柔软香甜的南瓜所以会格外美味。在烘烤玛德琳蛋糕的时候，要烤到最上层膨胀的好像要爆开那样才行，这是关键所在。按步骤来做，使用其他材料代替南瓜也可以做出多种多样的玛德琳蛋糕。

Ready（长度为 6~7cm 大小的玛德琳蛋糕模具 12 个）

低筋面粉 60g，黄砂糖 58g，玉米淀粉 10g，发酵粉 2g，食盐少许，黄油 60g，

鸡蛋 50g，南瓜块 37g，南瓜 20~30g

其他材料 涂抹模具用的细腻的黄油少许，撒在模具上用的低筋面粉少许

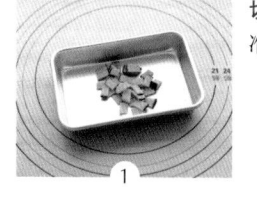

切南瓜块 将南瓜切小块，准备好。

加入黄油 搅拌至看不出粉状颗粒的程度，将融化了的黄油倒入搅拌，做出面团后，装入挤花袋。

给模具刷黄油 将黄油置于耐热容器放入微波炉中加热，融化之后，涂抹于玛德琳蛋糕模具上。烘烤之前请放入冰箱冷藏保存。Tip 1

给模具穿粉衣 在冷藏的玛德琳蛋糕模具上薄薄地撒一层低筋面粉之后，将模具翻转，把多余的面粉弹下来。

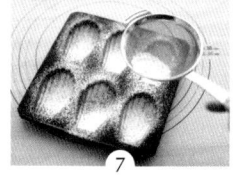

鸡蛋提味儿 将鸡蛋液、黄砂糖、食盐放入碗中混合搅拌。

放入小块南瓜片儿 将用低筋面粉包裹的玛德琳蛋糕模具上放入切好的小块南瓜片儿。

加入南瓜块儿 待鸡蛋液颜色变成乳白色之后，加入南瓜块儿混合搅拌。Tip 2

烘烤 在玛德琳蛋糕模具上放好面团之后，将其放入经过 180℃ 预热之后的烤箱内，进行 15 分钟的烘烤。

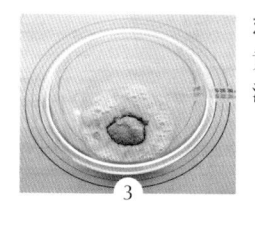

加入面粉材料 均匀混合鸡蛋液和南瓜块儿，将低筋面粉、玉米淀粉、发酵粉筛过之后倒入碗中，混合搅拌。

Tip 1 在模具里仔细抹好黄油，才能在蛋糕烤好之后，漂亮又利落地取出。

Tip 2 准备南瓜块儿的时候，要准备比实际用量稍微多点，将其放入微波炉或者蒸笼中煮熟，然后只刮下黄色的内瓤部分，再用手动搅拌器打碎细磨后做成块状模样使用。

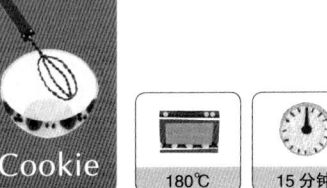

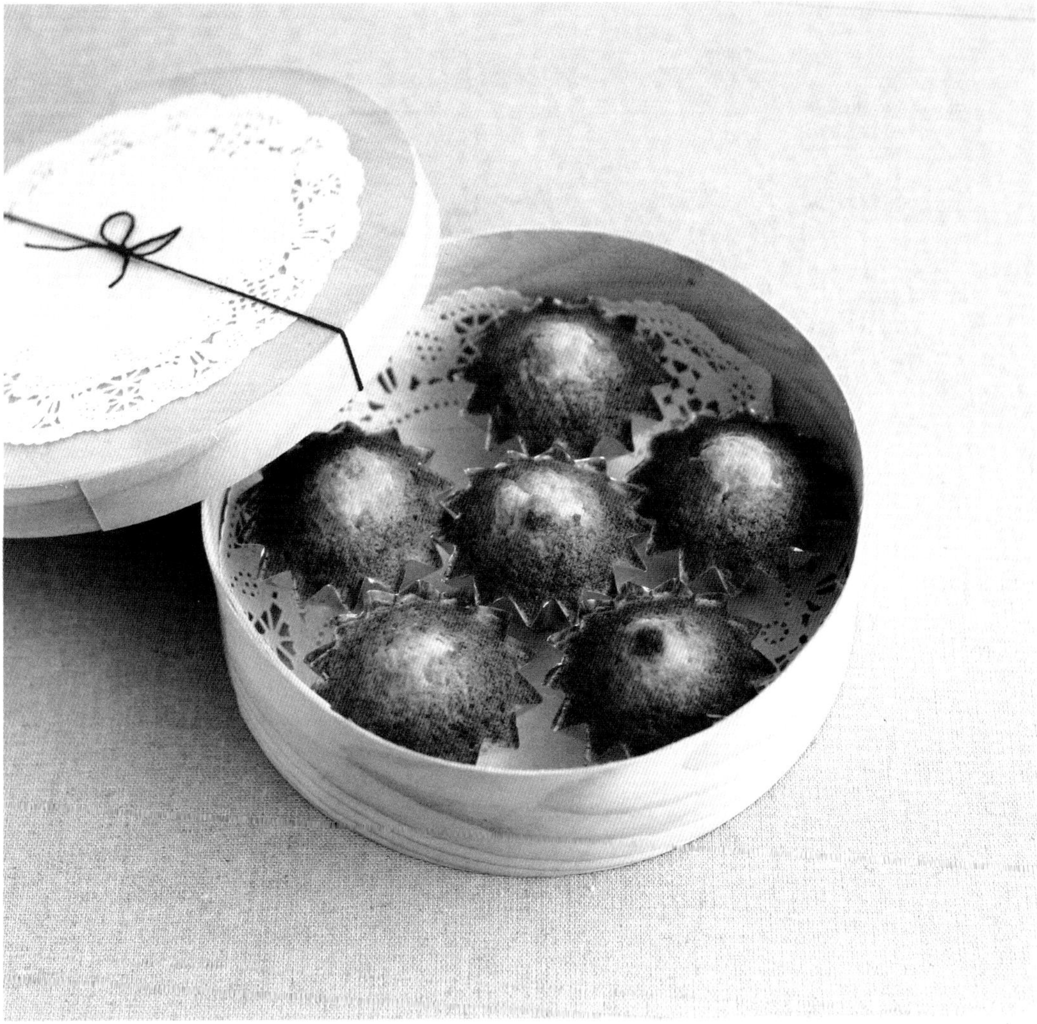

橙味玛德琳蛋糕

玛德琳蛋糕的面团非常松软，不一定要使用专用的玛德琳蛋糕模具，也可以用玛芬蛋糕模具制作。如果加入橙味甜酒（liqueur）或橙子皮可以使橙子的香味更加浓郁，老少咸宜。

低筋粉 65g，糖 30g，泡打粉 2g，黄油 65g，鸡蛋 50g，蜂蜜 20g，牛奶 15ml，
橙味甜酒 10ml，橙子 1/2 个（橙皮 3~4g）

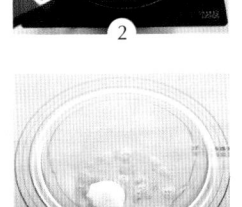

制作橙皮 将橙子新鲜的外皮取下，切碎成末。
Tip1

融化黄油 可以用锅小火加热，也可以用隔水加热的方法。

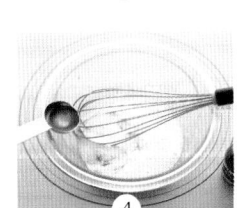

打鸡蛋 将鸡蛋、糖、蜂蜜放入碗中搅拌。

放入液体用料 当鸡蛋打成乳白色之后，放入橙味甜酒、橙皮、牛奶继续搅拌。
Tip2

加入面粉用料 加入低筋粉、泡打粉等粉状用料均匀搅拌。

放入融化的黄油 搅拌到看不见生面粉为止，倒入融化的黄油，开始和面。

烤制 将面团放入锡箔纸杯，烤箱 180℃预热后，放入烤制 15 分钟。

Tip 1　使用粗盐或面粉浸泡橙子，然后过一下开水，可以去除橙皮表面的杂质。
Tip 2　橙味甜酒可以用柑曼怡酒（Grand Marnier）代替，也能增添独特的风味。
　　　　当然，也可以使用朗姆酒，实在没有甜酒不放也没关系。

Cookie

180℃

15分钟

摩卡曲奇

这是一种加入咖啡豆，带有浓厚咖啡香气的曲奇，配上一杯咖啡能够驱走午后的疲劳感，加入食用香精就可以得到更浓郁的味道，尝试一下吧！

Ready（制作直径 7cm 大小的 15 个）

低筋粉 100g，高筋粉 30g，黄糖 65g，泡打粉 3g，苏打粉 1g，盐少许，黄油 65g，鸡蛋 25g，咖啡豆粉末 4~5g，咖啡香精 3g

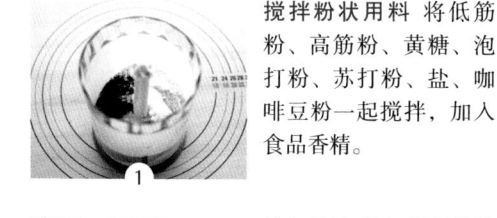

搅拌粉状用料 将低筋粉、高筋粉、黄糖、泡打粉、苏打粉、盐、咖啡豆粉一起搅拌，加入食品香精。

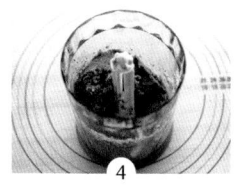

搅拌揉团 用搅拌机反复搅动，使材料成团，开始和面。Tip

放入黄油 均匀搅拌粉状材料，放入黄油搅拌至半稠状态。

造型 和面几次后分成 18~19g 的小面团，制成圆球状，放在铺好锡箔纸的烤箱内。

导入液体用料 加入鸡蛋和咖啡香精进行搅拌。

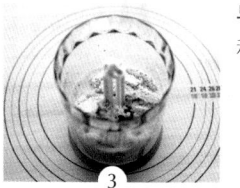

烤制 将圆团压扁后，在预热 180℃ 的烤箱中，烤制 15 分钟。

Tip 没有咖啡香精的话，可以用 2~3g 速溶咖啡加少许水自制咖啡香精。

170℃　20分钟

Cookie

枫糖浆曲奇

枫糖浆比起白糖所含的热量更低，对身体也有好处。所以，这次我们使用枫糖浆或者枫糖粉制作这款曲奇，制作方法简单，初学者也很容易掌握。枫糖曲奇会给你带来秋天的风味，香甜又健康。

低筋粉 180g，枫糖 75g，枫糖浆 30g，杏仁粉 50g，盐 1g，黄油 100g，蛋黄 30g，

用料之外，要备少许面粉，和面时洒在面板上。

融化黄油 将黄油融化成糊状加入枫糖、枫糖浆、盐。

①

加入蛋黄 将材料均匀搅拌后，加入蛋黄搅拌。

②

放入面粉材料 加入低筋粉、杏仁粉，开始和面。

③

醒面 揉好的面团用塑料膜包好，压平，放入冰箱冷藏 1 小时，醒面。

④

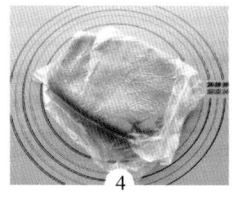

造型 将醒好的面团压制成 3~4mm 的厚度，用模具压出形状。Tip

⑤

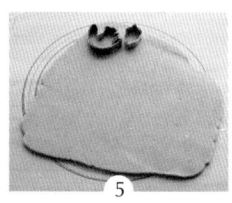

烤制 烤箱里铺好锡箔纸，预热 170℃，烤制20 分钟。

⑥

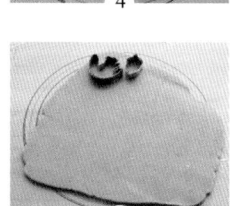

Tip 和面时要让面团均匀受力，可以避免烤制时面团收缩。

Cookie

180℃

15~20 分钟

巧克力碎曲奇

放入巧克力碎和核桃碎，带来香甜咀嚼感觉的极品曲奇。这款曲奇有分量而且口感湿软，可以经常制作，表面上高低不平的巧克力碎，可以增加口感。

Ready（制作直径 7cm 大小的 20 个）

高筋粉 200g，白糖 40g，黄糖 40g，泡打粉 3g，香草粉少许，盐少许，黄油 120g，
鸡蛋 50g，核桃碎（或用杏仁）100g，巧克力碎 30g，蜂蜜 20g

软化黄油 将黄油加热软化成膏状，加入白糖、黄糖、盐、蜂蜜进行搅拌。Tip1

放入核桃 等看不到生面粉为止，放入核桃碎。

加入鸡蛋 当黄油搅拌为乳白色之后可以加入鸡蛋，继续搅拌。

放入巧克力碎 放入巧克力碎 20g 进行搅拌。

加入香草粉 当黄油、鸡蛋充分搅拌后加入香草粉搅拌。Tip2

烤制 在烤箱中铺好锡箔纸，预热 180℃。面团压成扁平状，烤制 15~20 分钟。Tip3

放入粉状用料 加入过筛的高筋粉、泡打粉进行搅拌。

Tip 1 白糖比起黄糖，颗粒更为精细，所以在烘焙中被广泛使用。但是使用黄糖可以使曲奇有更好的色泽和口感，所以一起加入白糖和黄糖。

Tip 2 没有香草粉的话，可以加入香草油或者香草香精。

Tip 3 长时间烤制会得到更加酥松的口感，看到曲奇表面呈现黄色时就可以关火了。

170℃ | 17~20 分钟

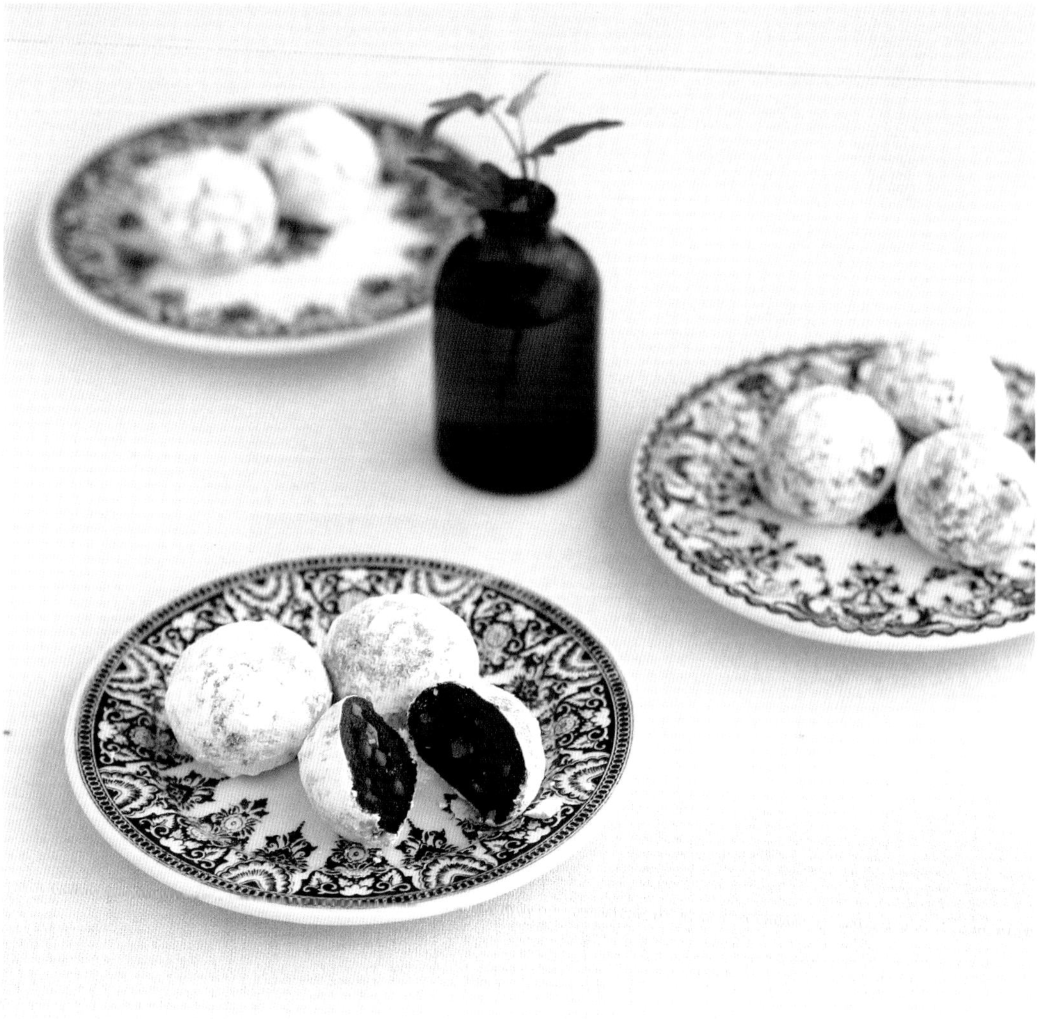

可可雪球

圆形的曲奇，外表裹上如白雪一般的糖粉，里面加入可可粉馅料，让巧克力爱好者无法自拔。在飘雪的冬日，制作这样的曲奇送给朋友吧。

低筋粉 100g，泡打粉 60g，杏仁粉 30g，无糖的可可粉 20g，玉米淀粉 10g，
黄油 80g，蛋黄 15g，核桃 30g

用料之外准备适量裹在外表的糖粉

黄油软化 加热将黄油软化为膏状，加入糖粉。
Tip1

加入核桃 待所有粉状用料均匀搅拌后，放入核桃碎，开始和面。

放入蛋黄 看到糖粉完全融入后加入蛋黄搅拌。

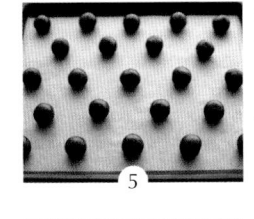

烤制 在烤箱中铺好锡箔纸，预热 180℃。面团分成 15~16g 的小圆球状，烤制 17~20 分钟。

加入粉状材料 在蛋黄中加入过筛后的高筋粉、杏仁粉、无糖可可粉、玉米淀粉，均匀搅拌。
Tip2

裹上糖粉 烤好的曲奇在冷却架上冷却，均匀地裹上糖粉。

Tip 1　在融化的黄油中加入糖粉，使用手动搅拌机和打蛋器的话会使得糖粉散
　　　落，所以不建议使用。可以用铲子进行搅拌，到一定程度后再使用搅拌
　　　机或打蛋器。

Tip 2　放入玉米淀粉的目的是，使曲奇的质感更加松脆。一般的雪球曲奇多加
　　　入硬化油（shortening），虽然可以增加质感但因为含有反式脂肪，对
　　　健康无益。如果没有玉米淀粉，也可以使用土豆淀粉。

Cookie

170℃　　15~17 分钟

姜味蜂蜜曲奇

美式的姜味甜点的代表就是姜味蜂蜜曲奇，人们尤其喜欢在圣诞节期间制作。微辣的生姜香味加上甜蜜的蜂蜜香味令人喜爱，不仅适合搭配欧美风味的红茶，而且和东方传统茶的味道也相得益彰。制作时放入蜂蜜，或者用枫糖浆获得甜蜜的口感。

低筋粉160g，黄糖80g，苏打粉4g，生姜粉3g，肉桂粉1g，盐少许，
黄油80g，鸡蛋25g，枫糖浆30g

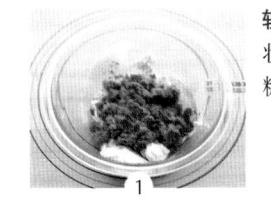

软化黄油 黄油加热至膏状，放入黄糖、盐、枫糖浆，均匀搅拌。

加入鸡蛋 当黄油呈褐色时加入鸡蛋搅拌。

加入粉状用料 黄油和鸡蛋均匀溶合后，加入过筛的低筋粉、苏打粉、生姜粉、肉桂粉，搅拌均匀后开始和面。

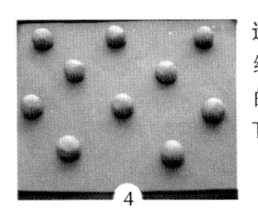

造型 烤盘里铺好锡箔纸，将面团揉成每个18g的小圆球，放在烤盘上。Tip

烤制 将圆球状的面团压扁，烤箱预热170℃后，面团放入烤箱烤制15~17分钟。

Tip 和面时为了避免面团沾手，可以事先在手上撒一些低筋粉。

Cookie

170℃   15分钟

胡桃巧克力曲奇

胡桃比起核桃苦味更少，是烘焙中经常使用的坚果。一般巧克力曲奇中加入一颗胡桃即可，能使曲奇获得自然形成的裂纹，并且引发食欲。

低筋粉 150g，黄糖 80g，杏仁粉 30g，无糖可可粉 20g，苏打粉 2g，
泡打粉 1g，盐少许，黄油 100g，鸡蛋 50g，胡桃 30 个

软化黄油 黄油加热至膏状，放入黄糖、盐，均匀搅拌。

加入鸡蛋 当黄油呈褐色时加入鸡蛋搅拌。

加入粉状用料 黄油和鸡蛋均匀溶合后，加入过筛的低筋粉、杏仁粉、无糖可可粉、苏打粉、泡打粉，搅拌均匀后开始和面。

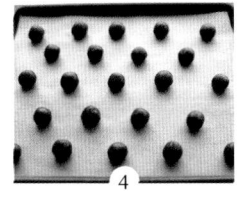

造型 烤盘里铺好锡箔纸，将面团揉成 10g 一个的小圆球，然后放在烤盘上。

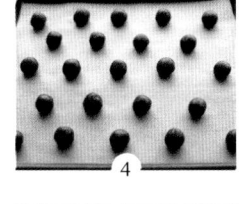

烤制 将圆球状的面团压扁，放上一个胡桃。烤箱预热 170℃后，面团放入烤箱烤制 15 分钟。

Tip 无糖可可粉是烘焙常用料，购买法国或者比利时的进口产品是不错的选择。普通超市里出售的可可粉往往加入了糖和牛奶，口感偏甜，而且烤制的颜色也较淡。

180℃→170℃ | 15~18 分钟

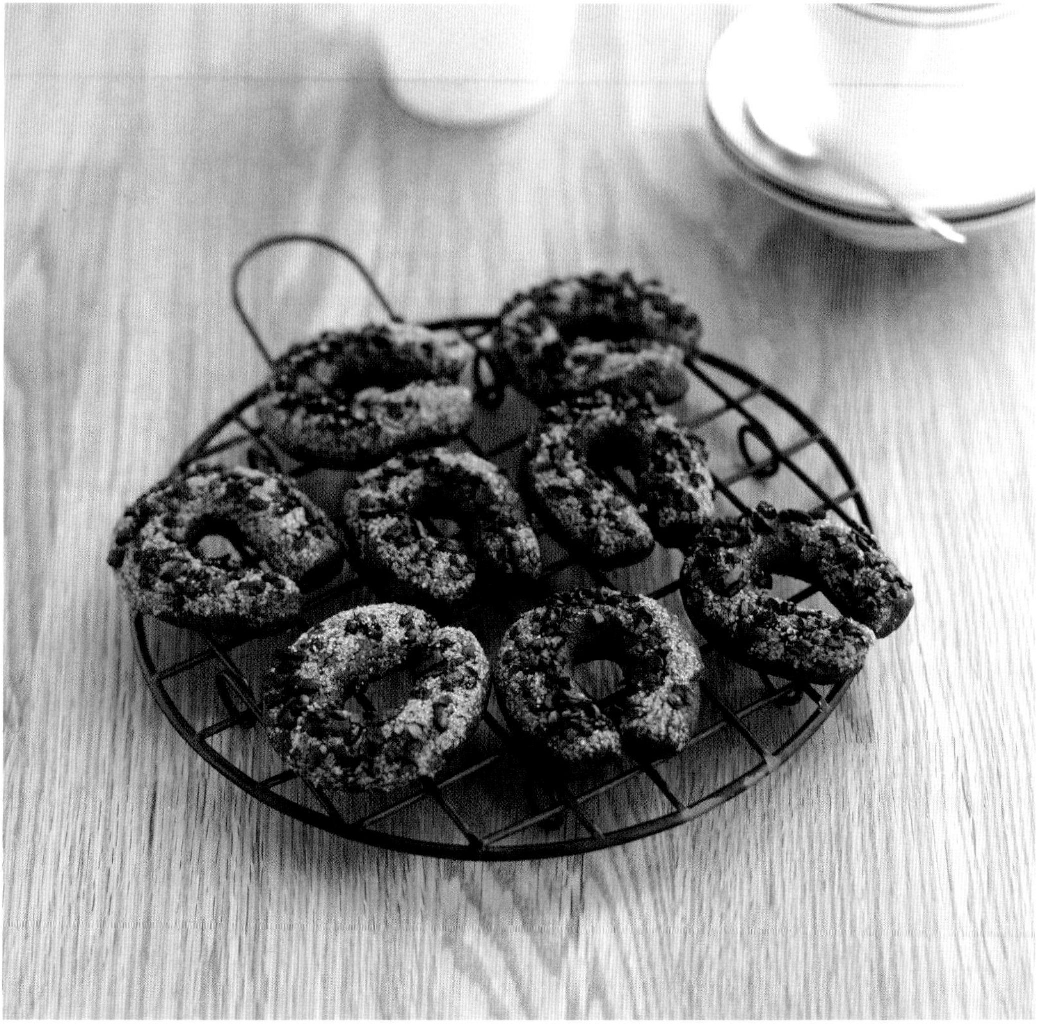

可可豆碎粒新月曲奇

我们都熟悉圆形的曲奇，偶尔想变换曲奇的形状时，可以制作可可豆碎粒新月曲奇。
在可可味的曲奇上附着可可豆碎粒，更丰富了口感和味道。

低筋粉 120g，白糖 45g，杏仁粉 20g，无糖可可粉 20g，盐 1g，黄油 90g，鸡蛋 30g

用料之外准备适量的可可豆碎粒以及和面时放入适量的糖。

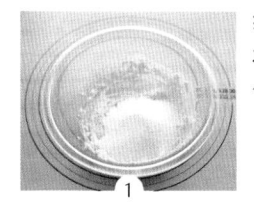

软化黄油 黄油加热至膏状，放入黄糖、盐，均匀搅拌。Tip

1

加入鸡蛋 当黄油呈乳白色时加入鸡蛋搅拌。

2

加入粉状用料 黄油和鸡蛋均匀溶合后，加入过筛的低筋粉、杏仁粉、无糖可可粉，搅拌均匀后开始和面。

3

造型 将面团揉成圆条状，切成 18~20g 每个的长圆条。

4

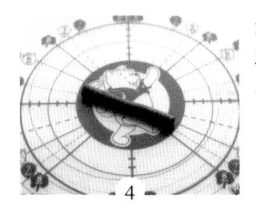

裹上可可碎粒和砂糖 切好的长圆条做成月牙状，裹上可可碎粒和砂糖。

5

烤制 烤盘里铺好锡箔纸，烤箱预热 180℃后将面团放入烤箱，以 170℃烤制 15~18 分钟。

6

Tip 和面时用糖粉代替白糖，这样烤制出来的可可碎粒曲奇会拥有更柔软的口感。

Cookie

 170℃→150℃  15→18 分钟

摩卡巧克力意大利脆饼

摩卡巧克力意大利脆饼含有榛子和咖啡豆巧克力的浓香，是咖啡香味脆饼的极品。
经过两次烤制口感非常松脆，是下午茶的最佳甜点。只需有一只碗来制作，用烤箱
简单烤制即可，制作如此容易，快来尝试一下吧！

Ready（制作直径 8~9cm 大小的 20 个）

低筋粉 120g，杏仁粉 80g，黄糖 50g，泡打粉 5g，速溶咖啡 3~4g，

盐少许，黄油 50g，鸡蛋 50g，榛子 50g，咖啡巧克力 20g

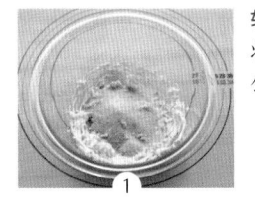

软化黄油 黄油加热至膏状，放入黄糖、盐，均匀搅拌。

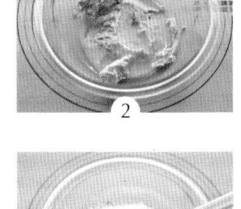

加入鸡蛋 当黄油呈褐色时加入鸡蛋搅拌。

加入粉状用料 黄油和鸡蛋均匀溶合后，加入过筛的低筋粉、杏仁粉、泡打粉、速溶咖啡，搅拌均匀后开始和面。

放入榛子、巧克力 搅拌至看不到面粉颗粒时，放入榛子和咖啡豆巧克力和面。Tip 1

造型 烤盘里铺好锡箔纸，将面团揉成长方形放在烤盘上。

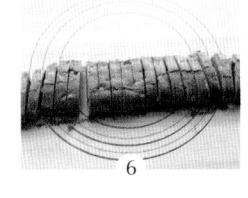

烤制 切片 烤箱预热170℃，将造型后的面团放入，烤制 25 分钟。烤好后切成厚度为 1cm 的薄片。Tip 2

二次烤制 切好的薄片再次放入烤盘，烤箱以150℃预热后，烤 15~18分钟。

Tip 1 如果没有咖啡豆巧克力的话，也可以用普通的巧克力碎或者摩卡巧克力碎代替。

Tip 2 第一次烤制或要充分冷却，然后用面包刀切片。根据自己的喜好，也可以切得更厚一些。

170℃→160℃

30~35分钟→10~15分钟

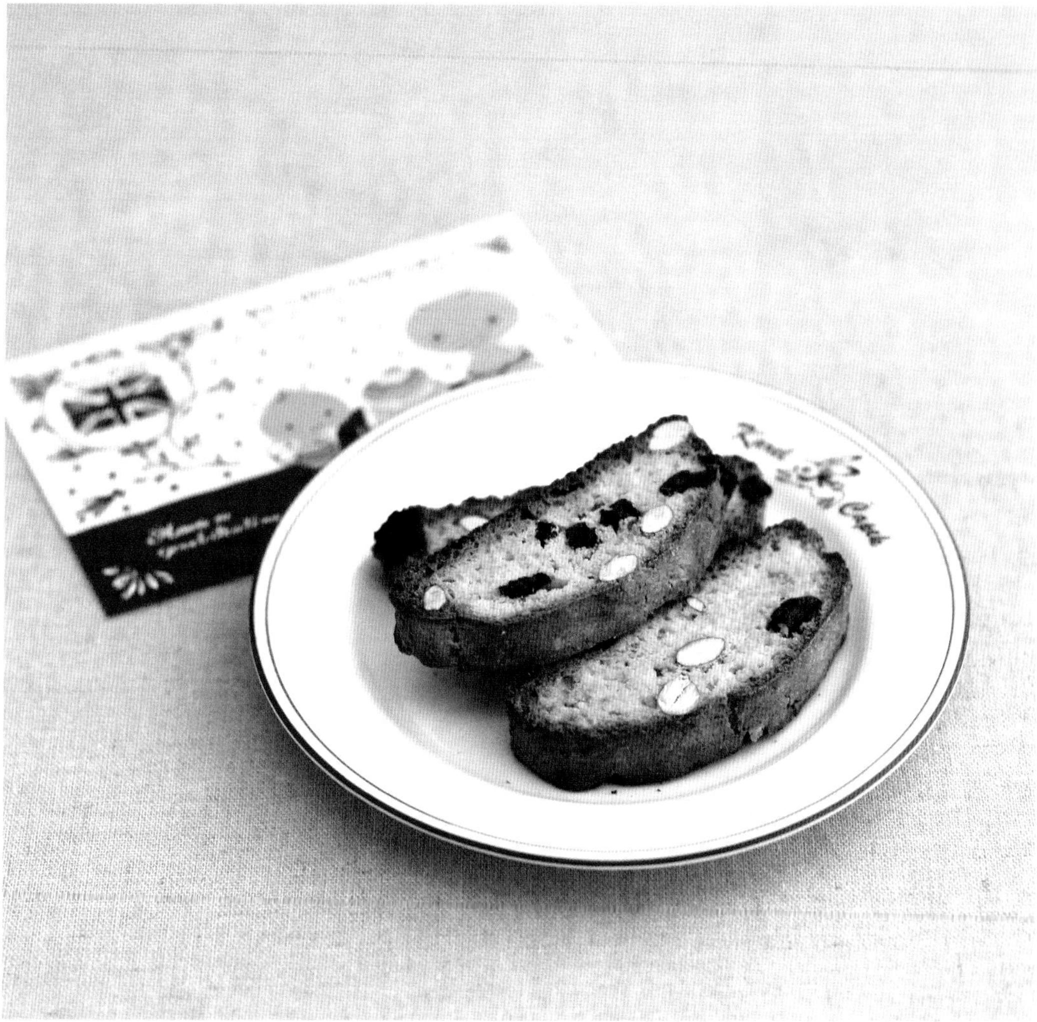

酸奶杏仁意大利脆饼

用原味酸奶代替黄油制作出味道清淡、热量较低的脆饼，biscotti脆饼的原意就是"烤制两次"，经过两次的烘烤，这款松饼松脆可口。只要特别注意预热温度和烤制时间，就很容易制作。

Ready（制作 7~8cm 大小的 20 个）

低筋粉 100g，杏仁粉 100g，泡打粉 4g，盐少许，原味酸奶 80g，

鸡蛋 50g，杏仁 50g，葡萄干 30g

粉状用料加鸡蛋搅拌 过筛的低筋粉、杏仁粉、泡打粉、盐放入碗中，加入鸡蛋搅拌均匀。

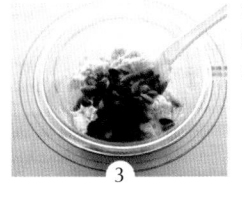

加入原味酸奶 当面粉和鸡蛋搅拌好后，放入原味酸奶继续搅拌。

加入杏仁和葡萄干 当面糊搅拌成面团后，加入杏仁和葡萄干和面。

造型 烤盘里铺好锡箔纸，将面团揉成长方形放在烤盘上。Tip 1

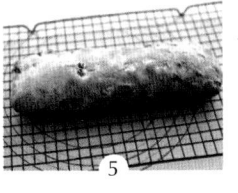

烤制 烤箱预热 170℃，将造型的面团放入，烤制 30~35 分钟。烤完放在冷却架上完全放凉。Tip 2

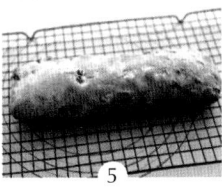

切片 完全冷却后，切成厚度为 1~1.5cm 的薄片。

二次烤制 切好的薄片再次放入烤盘，烤箱以 160℃预热后，烤 10~15 分钟。

Tip 1 防止和面时沾手，可以在板上撒上少许面粉。

Tip 2 第一次烤制结束要完全冷却后再切制，这样更加省力并且不容易损坏脆饼，想要脆饼表面平整，就要用面包刀慢慢地切。

Cookie

90~100℃

2 小时

樱花蛋白霜曲奇

散发着樱花的淡雅香气，外形美观的蛋白霜曲奇，像棉花糖一样的口感，制作却非常简便。虽然烤制需要较多的时间，但是会有诱人的形状和色泽，可以拿来向朋友们炫耀一下自己的烘焙水平。

糖粉 90g，玉米淀粉 3g，樱花粉 1/2ts，蛋清 70g，樱花香精 3~5 滴，
少许粉色天然色素，樱花花瓣碎末（flakes）

蛋清，粉状材料搅拌 将蛋清打出丰富的泡沫之后，加入过筛的糖粉和玉米淀粉，进行搅拌。

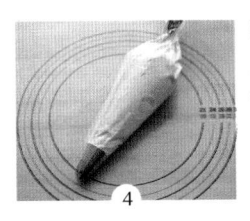

将蛋白霜放入漏斗 用剪刀剪出樱花形状的漏斗缺口，将蛋白霜放入漏斗中。Tip 2

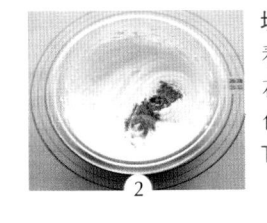

填色 当粉状用料搅拌到看不到颗粒后，加入樱花粉，樱花香精，粉红色天然色素，进行搅拌。Tip 1

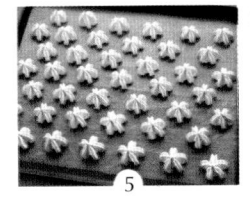

烤制 烤盘里铺好锡箔纸，用漏斗挤出面团，撒上樱花花瓣碎末。烤箱预热 90~100℃，将造型好的面团放入，烤制 2 小时。Tip 3

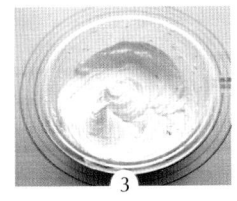

制作蛋白霜 颜色搅拌均匀直至乳白色，制作出有质感的蛋白霜。

Tip 1 如果没有樱花粉、樱花香精和樱花碎末，这一切都可以省略，用草莓或蓝莓代替，也能制作出色彩诱人的蛋白霜。

Tip 2 如果剪不好樱花形状的漏斗缺口，剪成星形的也不错。

Tip 3 用低温烤制能制出松脆的曲奇，注意烤制温度不要太高，以防止颜色太深。

圣诞花式曲奇

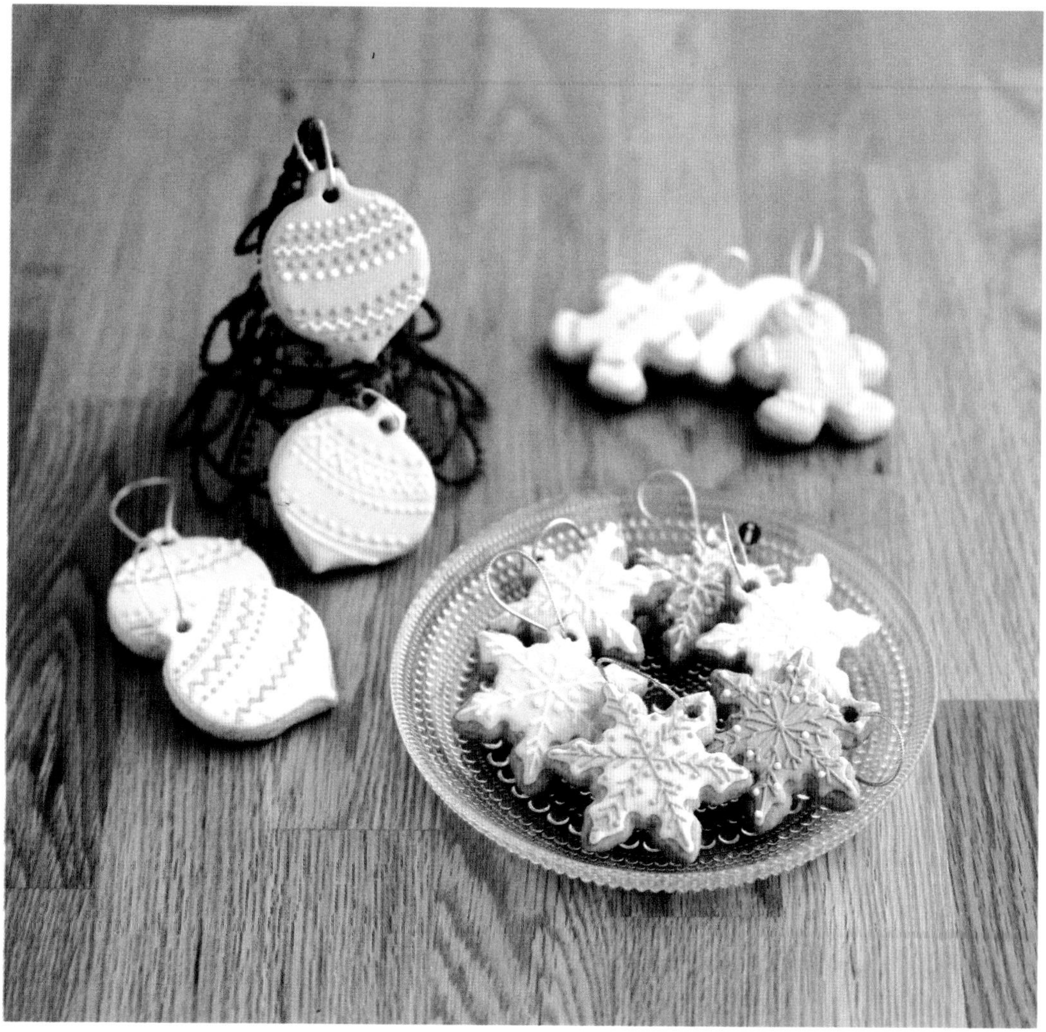

这么漂亮的曲奇既可以作为圣诞树的装饰，也可以作为美味享用。灵活使用各种各样的曲奇模具和色素，就可以制造出特色各异的花式曲奇。精美地包装一下，送给你深爱的人吧！

Ready（制作 6~7cm 大小的 20 个）

低筋粉 100g，糖粉 20g，杏仁粉 20g，黄油 60g，盐少许，蛋黄 15g，

香草香精（或者香草糖精）少许

糖霜 糖粉 140~150g，蛋清 35g，柠檬汁少许，粉色和绿色色素少许

准备少量面粉，和面时撒在面板上。

软化黄油 将软化的黄油放入碗中，加入糖粉和盐，均匀搅拌。

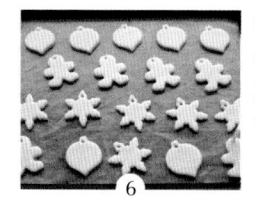

打孔 在烤盘上铺好锡箔纸，将造型好的小面块放在烤盘上，在每块曲奇顶部穿小孔。

加入蛋黄和香草香精 待黄油和糖粉搅拌均匀后，加入蛋黄和香草香精继续搅拌。

烤制 烤箱170℃预热后，烤制 15 分钟。烤制好放在冷却架上。

放入粉状用料 把过筛的低筋粉、杏仁粉加入蛋黄中搅拌，开始和面。

制作糖霜 将糖霜原料放入碗中搅拌，制成后分成三等份，其中两份分别加入粉色和绿色的色素。

醒面 和好的面放在保鲜膜内，冷藏醒面 1 小时。

将糖霜注入漏斗 将不同颜色的糖霜分别注入三支漏斗中。

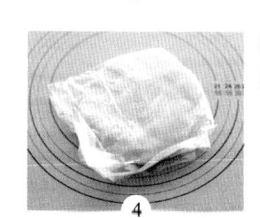

造型 醒好的面团擀成 4mm 厚的面饼，使用模具压出形状。

装饰 在烤好的曲奇上进行霜饰（大约需要 1 小时），用细彩带穿起曲奇。

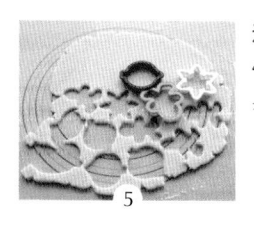

Tip 糖霜只有制作成适当的浓度，才能随心所欲地在曲奇上绘制图案，如果糖霜比较稀可以多放入糖粉，相反比较稠的情况下，就可以放入更多的柠檬汁。

Cookie

170℃

18~20 分钟

花生黄油曲奇

花生和黄油结合在一起，香味十分浓郁，不需要华丽的表面装饰，只用一把叉子制造出简单的花纹，制作出这款朴素又不失特色的美味曲奇。没有复杂的制作过程，也无需特殊的原料，谁都可以一展身手。

全麦面粉 180g，糖 80g，泡打粉 2g，黄油 70g，花生酱 80g，鸡蛋 50g

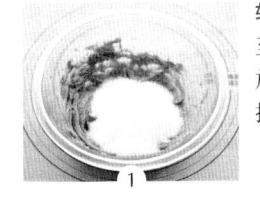

软化黄油、花生酱 软化至膏状的黄油和花生酱放入碗中，加入糖均匀搅拌。

1

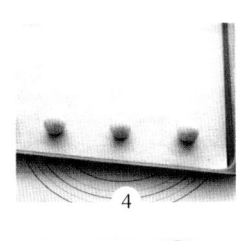

造型 烤盘里铺好锡箔纸，将面团揉成每个 15~18g 的小圆球，放在烤盘上。

4

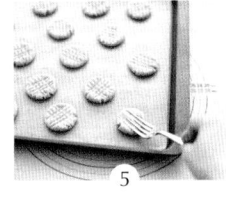

加入鸡蛋 当用料搅拌均匀后，加入鸡蛋继续搅拌。

2

制作花纹 叉子蘸一下水，然后用叉子背面在面团上压出花纹。Tip

5

加入粉状用料 黄油和鸡蛋均匀溶合后，加入过筛的全麦面粉、苏打粉，搅拌均匀至看不见面粉颗粒为止，然后开始和面。

3

烤制 烤箱预热 170℃后，面团放入烤箱烤制 18~20 分钟。

6

Tip 叉子在压制花纹时如果不蘸水，会容易粘在面团上，所以每一次压制前都蘸一下水。

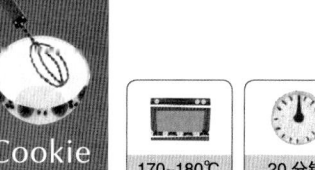

170~180℃　20分钟

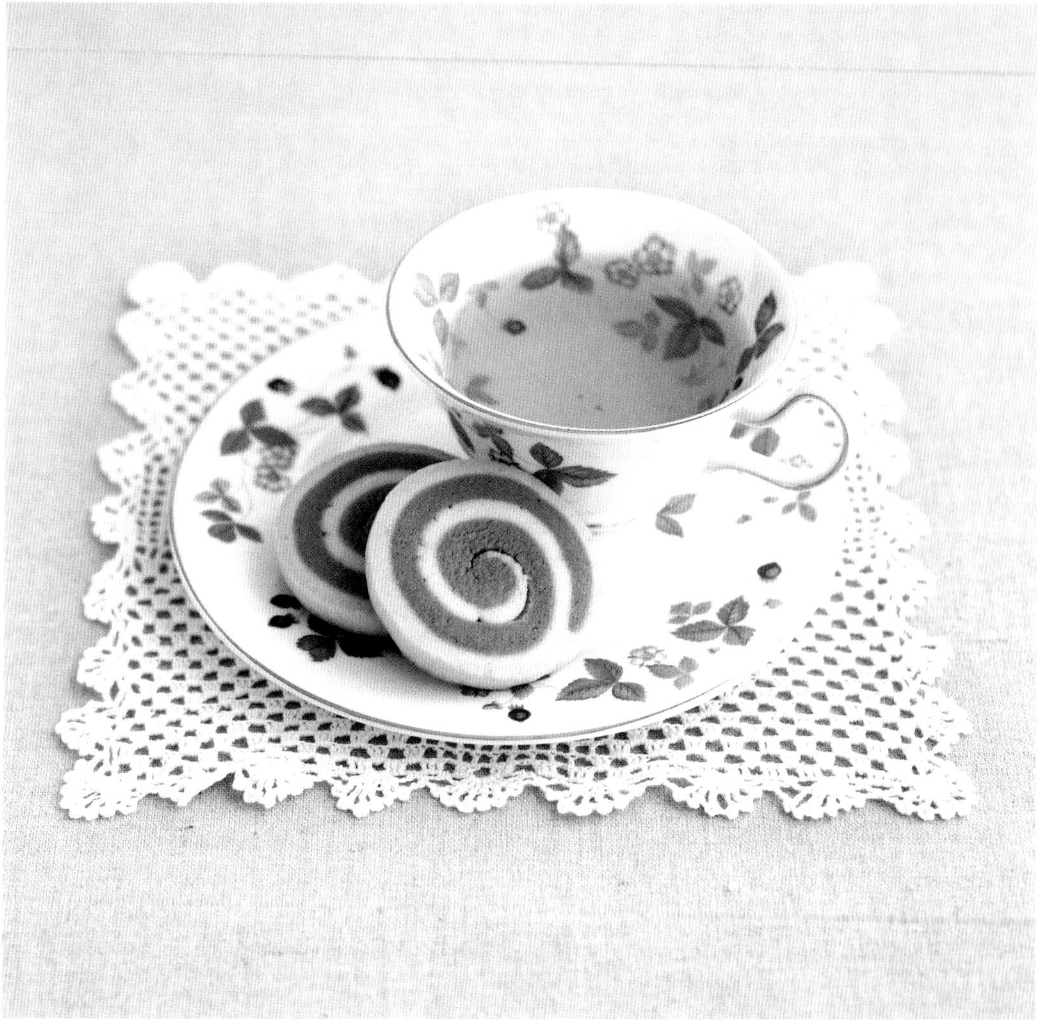

绿茶卷

虽然要和两种不同的面团，但是制作出品相喜人的甜点也可以展示自己的手艺。可以使用无糖可可粉代替绿茶粉，在面团中加入葡萄干也可以增添风味。

低筋粉 130g，糖粉 50g，杏仁粉 30g，盐少许，黄油 75g，鸡蛋 25g

绿茶面团 低筋粉 125g，糖粉 50g，杏仁粉 30g，绿茶粉 6g，盐少许，黄油 75g，鸡蛋 25g

还需备用粘合两种面饼时所需的鸡蛋液以及面板上撒的少许面粉。

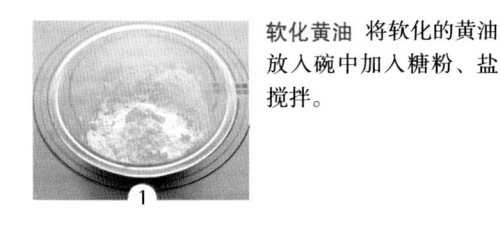

软化黄油 将软化的黄油放入碗中加入糖粉、盐搅拌。

1

加入鸡蛋和粉状用料 在黄油搅拌均匀后放入鸡蛋，再加入过筛的低筋粉、杏仁粉，揉成面团。

2

醒面 用手将面团压扁，裹上保鲜膜，放入冷藏醒面 1 小时。

3

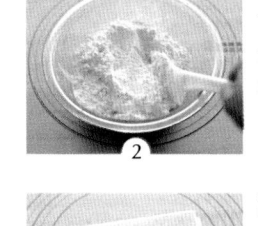

制作绿茶面团 参考步骤 1~2 制作出绿茶面饼。
Tip

4

醒面 将绿茶面团压扁，裹上保鲜膜，放入冷藏醒面 1 小时。

5

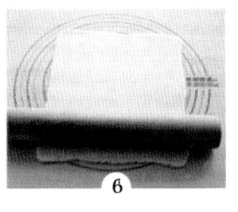

擀制 醒面后的两块面饼用擀面杖擀成 2~3mm 的正方形面饼。

6

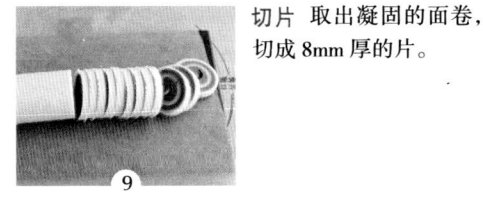

叠放面饼 在面饼上涂抹鸡蛋液，然后叠放两块面饼，使之结合。

7

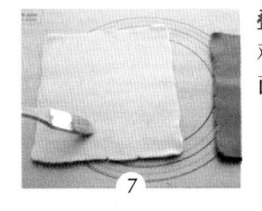

卷制定型 将叠放的面饼卷起来，使用硫酸纸包裹，放入冷藏 1 小时。

8

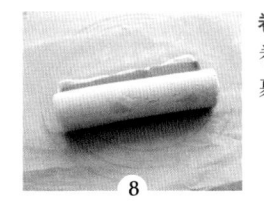

切片 取出凝固的面卷，切成 8mm 厚的片。

9

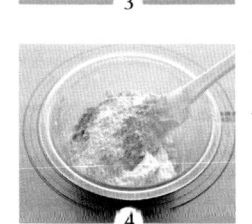

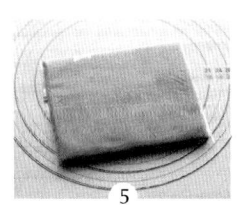

烤制 在烤箱中铺好锡箔纸，放入切好的面饼，烤箱以 170~180 ℃ 预热后，烤 20 分钟。

10

Tip 粉状用料过筛时，绿茶粉也需要一并过筛。可以使用抹茶粉替换绿茶粉，不仅苦味更少，而且颜色会更深。

 170~180℃

 15分钟

果酱曲奇

平时我们在切片面包上抹果酱吃，放入曲奇之内也是美味十足。使用不同的模具制作出各式各样的果酱曲奇，然后作为礼物送给朋友吧。

Ready（制作直径 6cm 的 7~8 个）

低筋粉 100g，糖粉 50g，杏仁粉 35g，无糖可可粉 3g，桂皮粉 2g，

盐少许，黄油 70g，鸡蛋 15g，果酱适量

另外准备和面时撒在面板上的面粉少许。

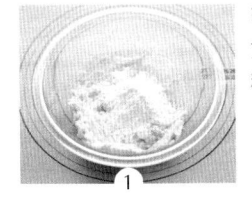

软化黄油 融化至膏状的黄油放入碗中，再加入糖粉、盐，均匀搅拌。

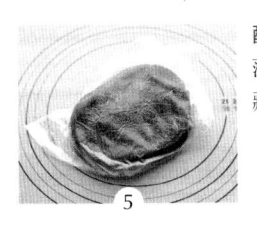

醒面 将揉好的面团裹上薄膜压平，放入冰箱冷藏醒面 1 小时。

加入鸡蛋 当黄油呈乳白色时，加入鸡蛋搅拌至完全溶合。

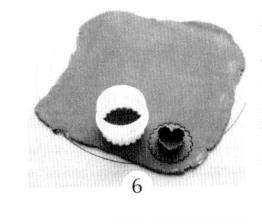

压制造型 醒好的面团压成 3mm 厚的面饼，使用曲奇模具压出单个面饼，其中的一半面饼可以使用更小的模具再次压制。

加入粉状用料 黄油和鸡蛋均匀溶合后，加入过筛的低筋粉、杏仁粉、无糖可可粉、桂皮粉，搅拌均匀后开始和面。

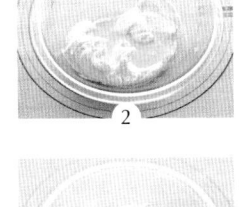

烤制 将压制好的面饼放入烤箱，预热 170~180℃后，烤 15 分钟，取出冷却。

揉制面团 当搅拌成面团后从碗中取出，用手掌碾压揉制 3~4 次。

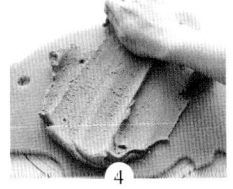

涂抹果酱并捏合 在完整的一块曲奇抹上适量果酱，将二次压制的曲奇放在上面，捏合两块曲奇。Tip

Tip 在制成的果酱曲奇上可以撒上适量糖粉作为装饰。

Cookie

 170℃

 15 分钟

新月香草曲奇

制作成新月形状的曲奇，无需放入鸡蛋，添加香草香精和牛奶制作成味道清淡的极品曲奇。制作方法和用料都极为简单，初学者也能很快收获成果。

低筋粉 150g，白糖 60g，杏仁粉 50g，黄油 100g，牛奶 20ml，香草豆 1/2 个

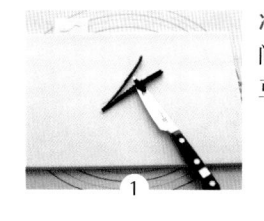

准备香草豆 将香草从中间切开，从中取出香草豆待用。

黄油软化 将变软的黄油放入碗中，加入白糖搅拌。

放入香草豆 当黄油搅拌至乳白色后，放入备好的香草豆继续搅拌。

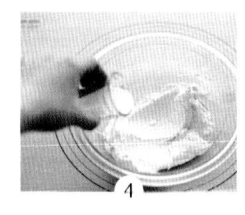

倒入牛奶 分多次少量倒入牛奶。

放入粉状用料 牛奶均匀搅拌后，放入过筛的低筋粉、杏仁粉，搅拌至看不到面粉颗粒为止。

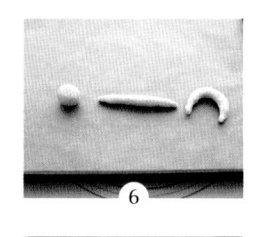

造型 将面团分成13~17g的小球，揉成月牙的形状。Tip

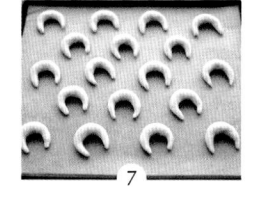

烤制 烤盘上铺好锡箔纸，将面团放在烤盘上，烤箱 170℃ 预热后，烤制 15 分钟。

Tip 将面团分成小的面块，制作外形更小的曲奇，便于当礼物送人。

Cookie

180℃　20分钟

黄油曲奇

黄油的浓郁香味，使得这款经典曲奇是下午茶的主角。使用漏斗的缺口积压制成，根据自己的喜好可以做出不同的形状。

Ready（制作直径 7cm 的 12 个）

低筋粉 125g，糖粉 60g，盐少许，黄油 80g，蛋清 30g，开心果适量

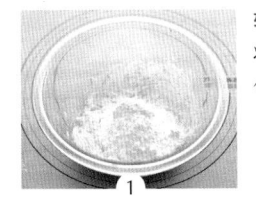

软化黄油 黄油加热至膏状，放入糖粉、盐，均匀搅拌。

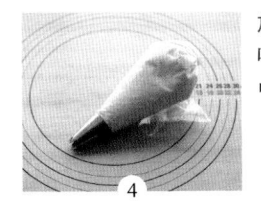

放入漏斗 使用造型用的喷嘴，将面糊放入漏斗中。

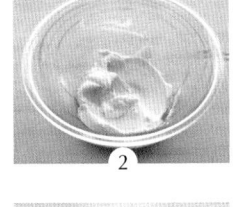

加入鸡蛋 当黄油呈乳白色时，加入蛋清搅拌至完全溶合。

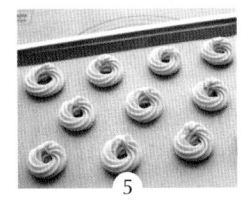

曲奇造型 在烤盘上用喷嘴漏斗挤出圆形的曲奇。

加入粉状用料 黄油和蛋清均匀溶合后，加入过筛的低筋粉，搅拌均匀后开始和面。

烤制 在曲奇上放上开心果作为装饰，烤箱预热180℃，放入烤箱烤制20 分钟。Tip

Tip 在表面上装饰用的开心果，也可以用胡桃或核桃等坚果代替。

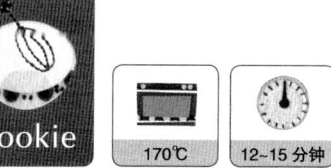

Cookie

170℃　　12~15 分钟

杏仁薄脆

用料和制作方法都很简单，做出来就像是高档西点店的产品一样，不仅可以使用杏仁片，还可以用芝麻、可可果等。杏仁薄脆可以直接食用，也可以用作蛋糕的装饰。

蛋清 50g，杏仁切片 65g，低筋粉 5g，糖 40g，黄油 15g

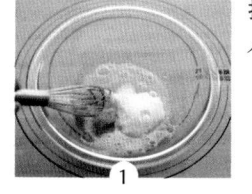

打制蛋清 将蛋清和糖放入碗中，均匀搅拌。

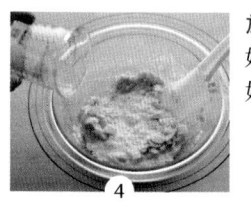

放入融化的黄油 将融化好的黄油放入搅拌，开始和面。

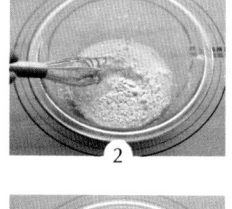

放入低筋粉 待糖完全融化后，放入过筛的低筋粉进行搅拌。

烤制 用勺子将面糊放到烤盘中，用勺子底部压得尽可能薄，烤箱 170℃预热，烤制 12~15 分钟。

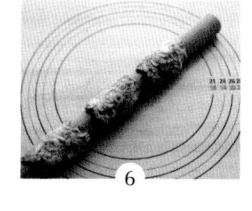

放入杏仁切片 搅拌至看不到面粉颗粒为止，加入杏仁切片搅拌。

造型 从烤箱中一取出，就用擀面杖擀制成卷状薄片。Tip

Tip 薄脆烤制完放置哪怕很短时间都会变凉，那时再造型就会使薄脆开裂，所以要抓紧时间。

Cookie

180℃

13~15 分钟

达克瓦兹

达克瓦兹加入了杏仁粉和蛋白霜，它是法式甜点中不次于蛋白杏仁甜饼（macaron）的最具代表性的曲奇。看上去工艺复杂，但做成一个之后，后面的制作就易如反掌了。

Ready（制作直径 5cm 的 8 个）

低筋粉 20g，杏仁粉 75g，糖粉 50g，糖 40g，蛋清 100g

另备和面时使用的适量糖粉，适量的碎核桃和花生酱。

搅拌蛋清、白糖 将蛋清放入碗中，使用打蛋器或者手提搅拌器打出丰富的泡沫，之后添加白糖继续打制。

1

制作蛋白霜 打至乳白色后，制作成有些许硬度的蛋白霜。

2

加入粉状用料 在蛋白霜中添加过筛的低筋粉、杏仁粉、糖粉，搅拌均匀。
Tip

3

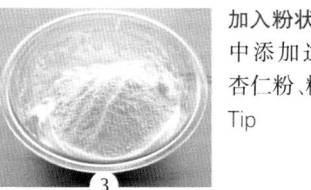

放入漏斗 将面糊放入漏斗。

4

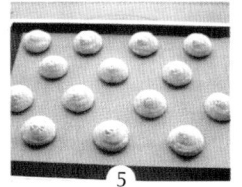

制作曲奇面团 用漏斗在烤盘上挤出圆形的小面团。

5

烤制 在面团上撒上糖粉、核桃碎。烤箱预热180℃之后，烤制 13~15 分钟。

6

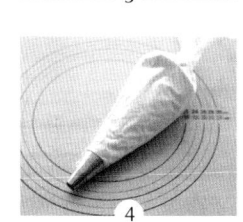

捏合 待烤好的达克瓦兹冷却，涂上薄薄的一层花生酱，将两块曲奇捏合成一块。

7

Tip 放入粉状用料搅拌时，要注意不要搅拌过长时间，避免面团太稀软。

180℃ 17~19 分钟

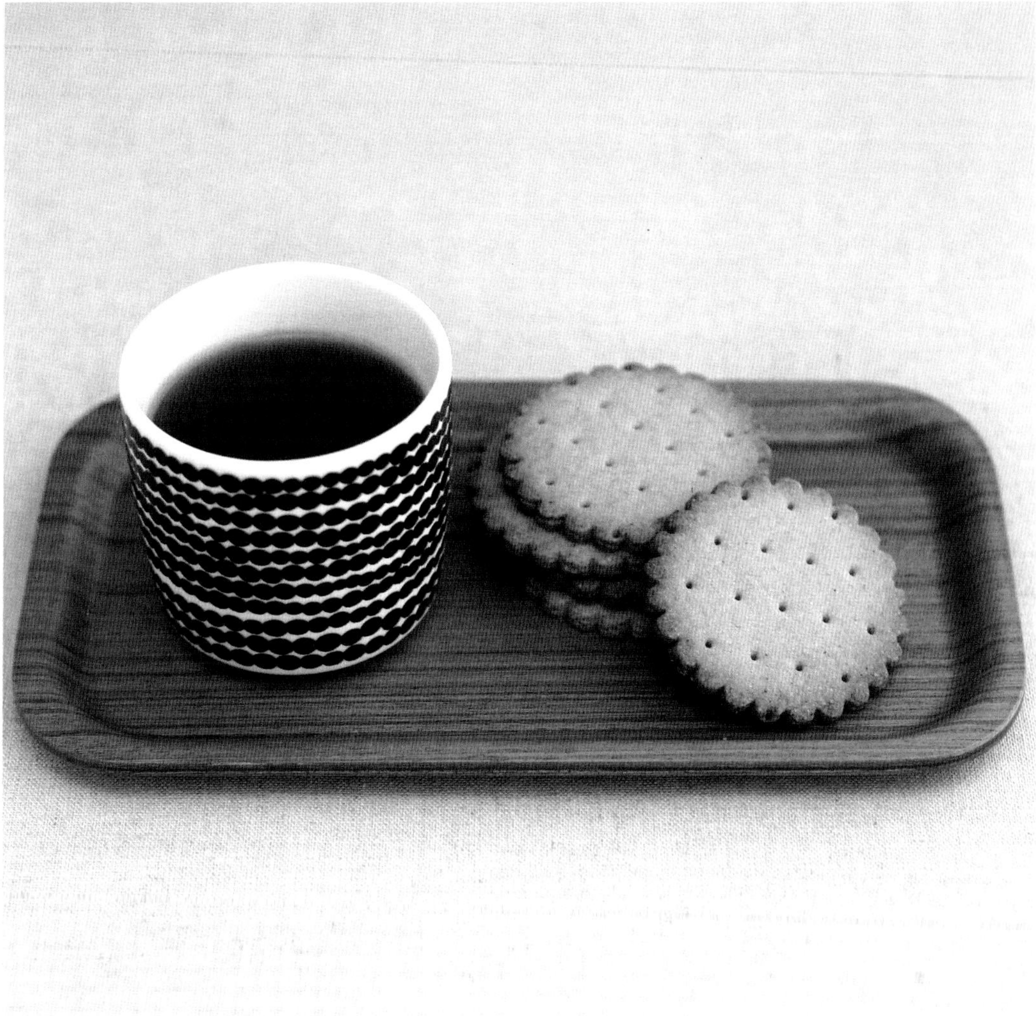

全麦曲奇

全麦面粉含有丰富的维生素、无机质、食物纤维和酶类等营养成分，比起小麦面粉对健康更有益处。使用全麦面粉制作曲奇不仅有益健康，而且色泽能引起食欲，是烘焙中经常使用的原料。

全麦面粉 150g，黄糖 60g，泡打粉 1g，苏打粉 1g，盐 1g，黄油 75g，鸡蛋 25g

另备和面时面板上撒的面粉少许。

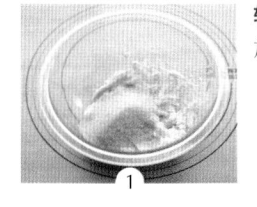

软化黄油 黄油软化后，放入黄糖、盐均匀搅拌。

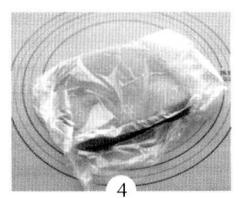

醒面 面团裹上保鲜膜，放入冷藏醒面 1 小时。

加入鸡蛋 当黄油呈乳白色时，加入鸡蛋搅拌至完全溶合。

扎出气孔 将面团压扁为 3mm 厚的面饼，使用扎孔滚针在上面扎出均匀的气孔。Tip

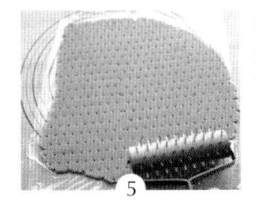

加入粉状用料 黄油和鸡蛋均匀溶合后，加入过筛的全麦面粉、低筋粉、苏打粉，搅拌均匀后开始和面。

烤制 使用圆形模具扣出圆形的曲奇，烤盘铺好锡箔纸，烤箱预热 180℃ 之后烤制 17~19 分钟。

Tip 擀制面饼时在制作台上铺好薄膜，这样使得面饼表面更加光滑，如果没有扎孔滚针，就用叉子好了。

巧克力酱泡芙

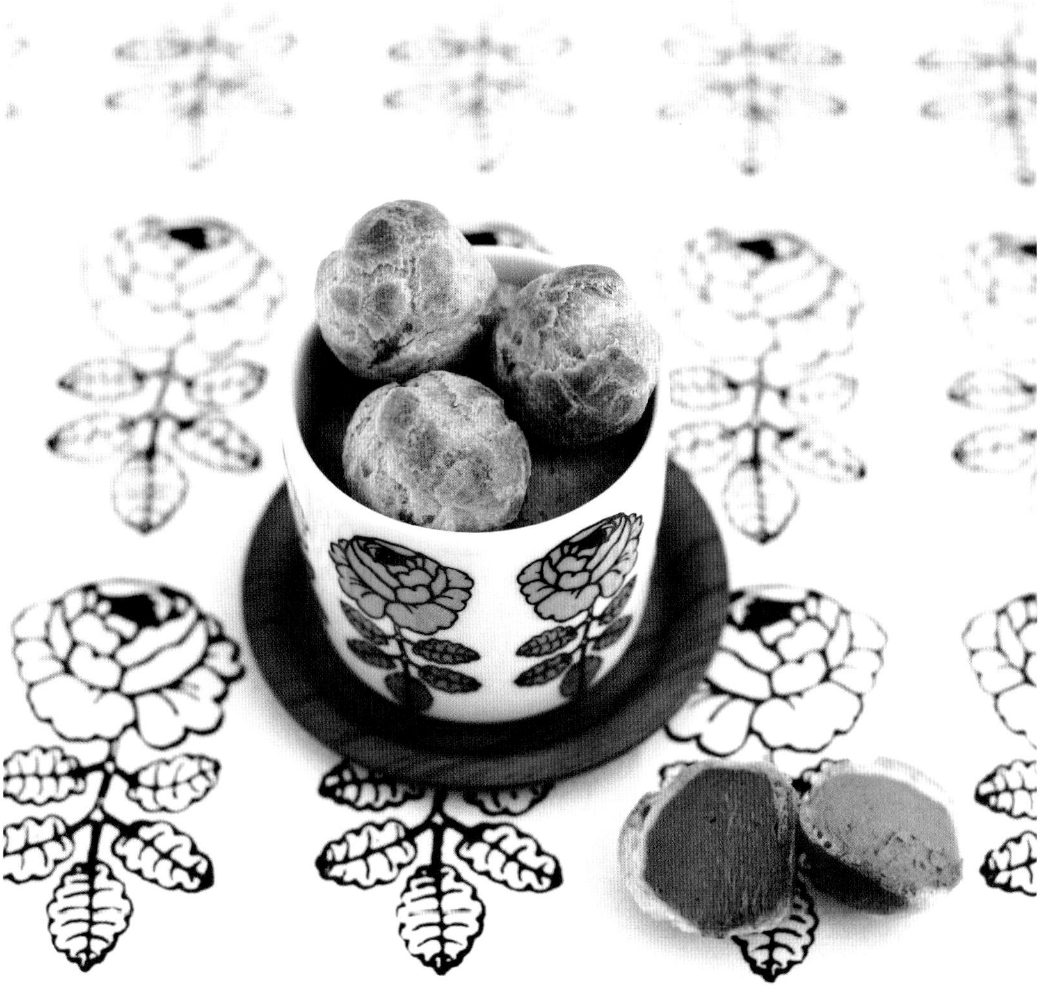

巧克力的泡芙外形上看就像是一个微型的洋白菜，有着漂亮的纹理。在松脆的外皮之内填入了柔软的巧克力酱，咬一口就像是吃到冰淇淋一样爽口，是很适合炎热夏季的甜点。

Ready（制作直径 3~4cm 的 25~35 个）

低筋粉 60g，糖 2g，盐 2g，黄油 40g，鸡蛋 100g，水 90ml，
巧克力酱 200ml，黑巧克力 100g

制作巧克力酱 将生奶油放入锅中煮，加入黑巧克力搅拌后放入冰箱冷藏。

1

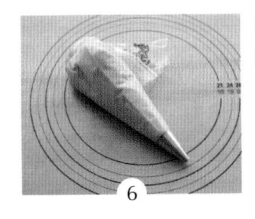

注入漏斗 使用圆形喷嘴，将面糊注入漏斗。

6

黄油加热 将黄油、白糖、盐、水放入锅中，当出现泡沫后改为小火加热。

2

造型 在烤盘上制作出硬币大小的外皮。Tip 2

7

放入低筋粉 锅中黄油一沸腾，就加入过筛的低筋粉搅拌。

3

烤制后穿孔 烤箱 180℃ 预热，烤 30~35 分钟，冷却后使用筷子在底面戳小孔。Tip 3

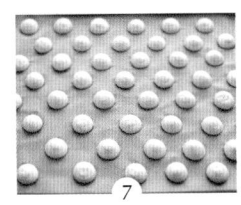

8

揉团 面粉均匀搅拌后，在锅中加热 2~3 分钟，揉成面团。

4

制作巧克力酱 将冷藏后的巧克力酱取出，使用打蛋器或手提搅拌机打制，制成巧克力酱。

9

加入鸡蛋 把加热的面团放入碗中，多次添加鸡蛋搅拌。Tip 1

5

注入巧克力酱 向外皮小孔中使用漏斗注入巧克力酱。

10

Tip 1 根据面糊的稀稠程度，可以加入适量的鸡蛋液进行调节。

Tip 2 筷子上蘸水，可以使穿洞更为容易。

Tip 3 烤制过程中切勿打开烤箱门，那会使烤制的外皮破裂。

170℃ 10~15分钟

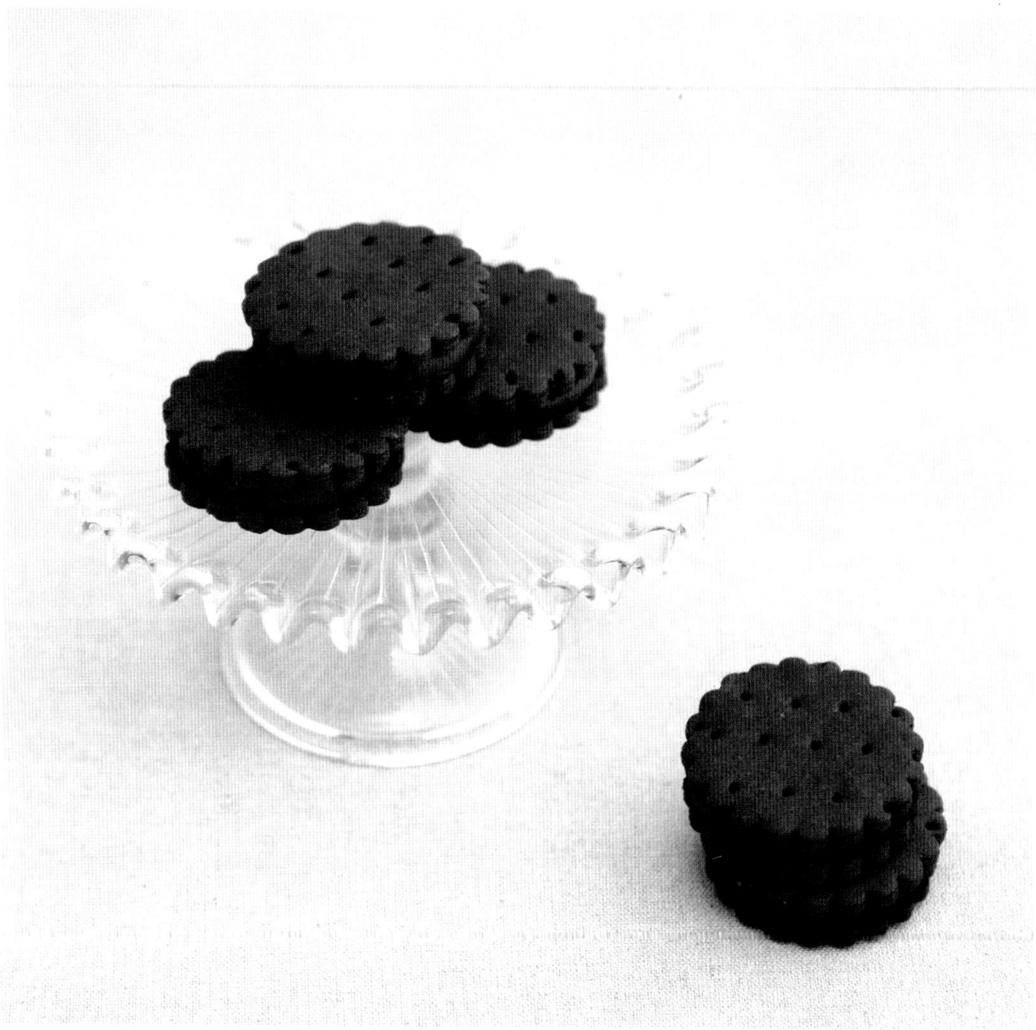

巧克力酱曲奇

浓郁的巧克力味让这款巧克力酱曲奇别具一格，在薄的曲奇中间涂抹了柔和的巧克力酱，让你感受到特别的口感。使用一只碗就能制作，烤制后颜色极为漂亮，可以作为礼物送人。

Ready（制作直径 6cm 的 16 个）

低筋粉 102g，糖粉 40g，杏仁粉 30g，可可粉 18g，黄油 80g，鸡蛋 22g，盐少许

巧克力酱 60g，牛奶巧克力（或黑巧克力）100g

另备和面时撒的面粉少许。

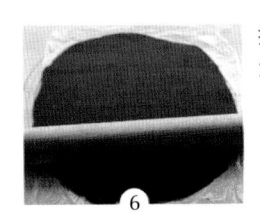

制作巧克力酱 可以参考 102 页的方法，制成后注入漏斗待用。

软化黄油 黄油加热至膏状，放入糖粉、盐，均匀搅拌。

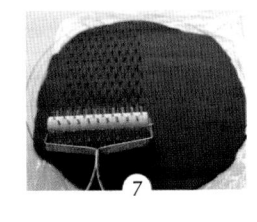

加入鸡蛋 当黄油呈乳白色时，加入鸡蛋搅拌至完全溶合。

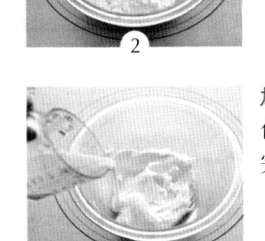

加入粉状用料 黄油和鸡蛋均匀溶合后，加入过筛的低筋粉、杏仁粉、可可粉，搅拌均匀后开始和面。

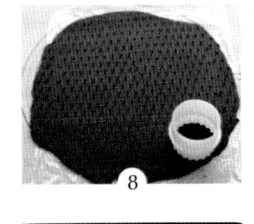

醒面 覆盖保鲜膜，放入冰箱冷藏醒面 1 小时。

擀制 使用擀面杖擀成 2mm 厚的面饼。Tip 1

扎孔 使用扎孔滚针在面饼上均匀地扎出气孔。Tip 2

造型 使用磨具扣出圆形的曲奇。

烤制 在烤盘中铺好锡箔纸，烤箱预热 170℃，烤制 10~15 分钟。烤制完成需要冷却。

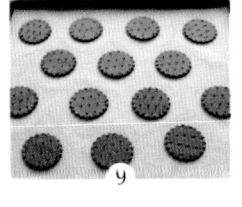

捏合 在一块曲奇上涂上巧克力酱，让两块曲奇捏合在一起。

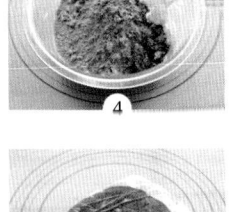

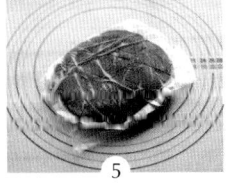

Tip 1 和面最好在凉爽的地方进行，而且速度越快越好，擀制则擀得越薄越好。

Tip 2 没有扎孔滚针，就使用叉子扎孔吧。

马芬蛋糕和司康有各不相同的制作工艺，经过烤制能获得各异的口感。马芬蛋糕制作中无需醒面和发酵，制作简单，质感轻盈松软。司康经过醒面和多次揉制能变得松脆有嚼头。口感上的差别使得两种甜点都展现各色的魅力，也让我们可以尝试多样的制作工艺。比如，放入豆粉增添浓郁的香味，放入红茶粉得到温和的口味，灵活使用杏仁和巧克力碎丰富口感。下面我就为各位介绍365天都让人爱不释手的各款马芬蛋糕和司康。

Part 3

马芬

慵懒的午后休闲时光
马芬蛋糕 & 司康

Muffin

180℃ 25 分钟

香草马芬蛋糕

英式马芬蛋糕放入酵母发酵后烤制，而美式马芬蛋糕使用泡打粉烤制，这里介绍的
香草马芬蛋糕属于美式马芬蛋糕，制作简单，口感柔软。

Ready（制作直径 7cm 大小的马芬蛋糕 4~5 个）

低筋粉 120g，白糖 55g，泡打粉 1ts，盐少许，黄油 60g，鸡蛋 50g，
牛奶 60ml，香草豆 1/2 个

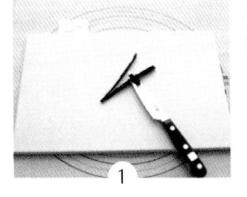

准备香草豆 抠出香草豆的种子部分待用。Tip

1

黄油软化 将黄油放入碗中加入白糖、盐，进行搅拌。

2

放入鸡蛋 待黄油搅拌至乳白色，放入鸡蛋搅拌。

3

放入香草豆 黄油和鸡蛋完全溶合后，放入香草豆籽，继续搅拌。

4

加入粉状用料 在碗中放入过筛的低筋粉、泡打粉，轻轻搅拌。

5

倒入牛奶 搅拌至面粉看不到颗粒的程度，加入牛奶。

6

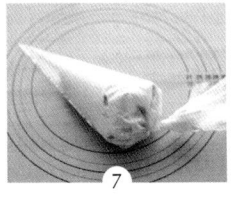

注入漏斗 将面糊放入漏斗待用。

7

烤制 在马芬蛋糕模具里放入硫酸纸，注入面糊，烤箱预热 180℃后烤制 25 分钟。

8

Tip 没有香草豆的话，可以使用 1g 香草糖精或者 5~6 滴香草精油。

Muffin

180℃

25 分钟

巧克力碎马芬蛋糕

马芬蛋糕的配方、材料、工艺都相对简单，可以根据个人喜好加以发挥。比如，这款巧克力碎马芬蛋糕制作时，如果不想太甜，就可以使用黑巧克力碎。还可以放入核桃或者胡桃碎，增加口感和营养。

Ready（制作直径 7cm 大小的马芬蛋糕 4~5 个）

低筋粉 105g，黄糖 35g，无糖可可粉 15g，泡打粉 1ts，盐少许，黄油 60g，
鸡蛋 50g，牛奶 60ml，蜂蜜 20g，巧克力碎 40g

黄油软化 将黄油放入碗中加入黄糖、蜂蜜、盐，进行搅拌。Tip

①

倒入牛奶 搅拌至面粉看不到颗粒的程度，加入牛奶。

④

放入鸡蛋 待黄油搅拌至乳白色，放入鸡蛋搅拌。

②

加入巧克力碎 巧克力碎留下 5g 后，剩下的全部倒入面糊中，充分搅拌。

⑤

加入粉状用料 在碗中放入过筛的低筋粉、无糖可可粉、泡打粉，均匀搅拌。

③

烤制 在马芬蛋糕模具里放入硫酸纸，注入面糊，表面撒上 5g 巧克力碎，烤箱预热 180℃后烤制 25 分钟。

⑥

Tip 制作马芬蛋糕的所有原料切勿直接从冰箱中取出使用，而是应在室温中放置一段时间再使用。特别是鸡蛋和黄油在冰凉的状态下是很难相溶的。

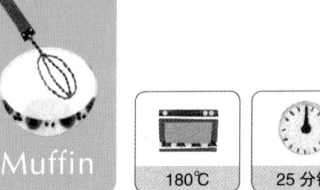

180℃ 25分钟

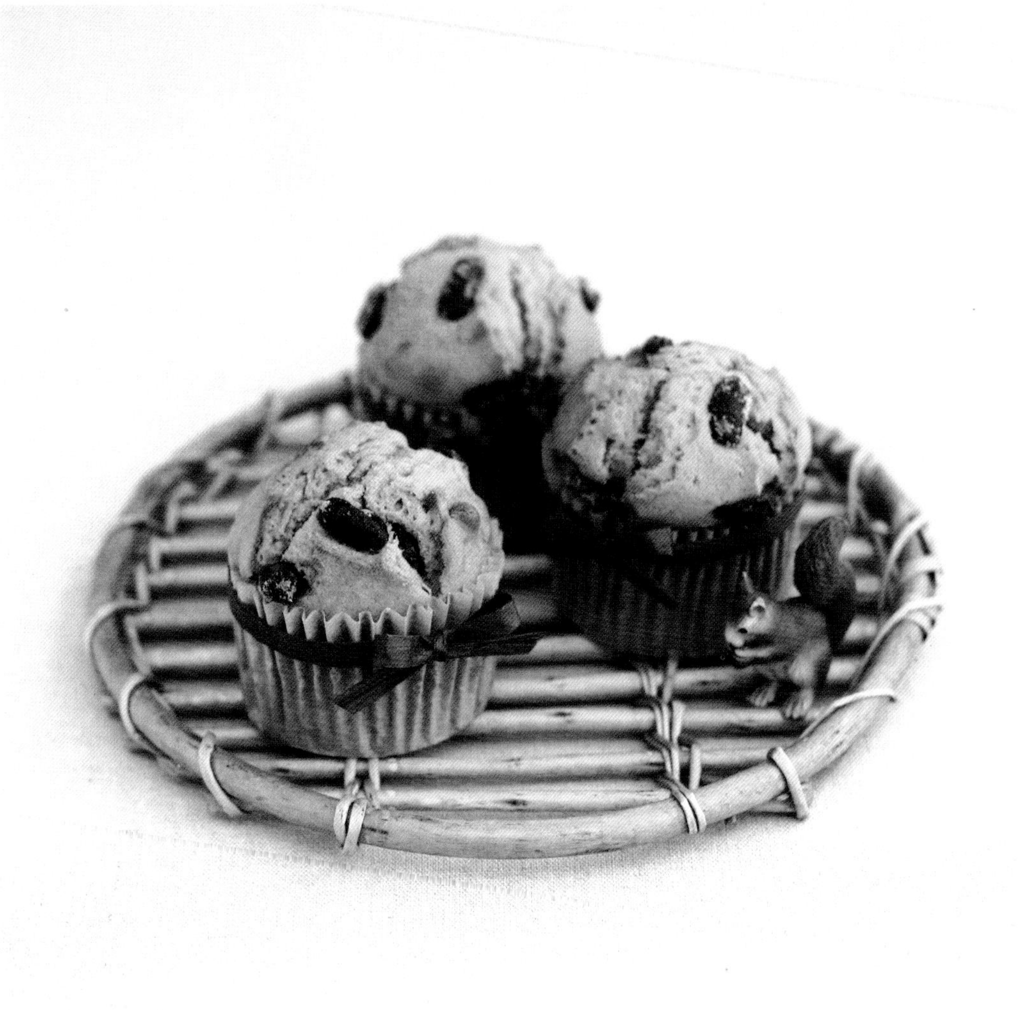

豆粉马芬蛋糕

豆粉和红豆好像与烘焙关系不大，但在制作马芬蛋糕时使用能带来意想不到的浓郁口味，咀嚼时也相当可口，可谓老少咸宜。用豆奶替换牛奶，可以使豆粉的味道相得益彰。

低筋粉 110g，黄糖 50g，炒制的豆粉 10g，泡打粉 1ts，盐少许，黄油 60g，
鸡蛋 50g，牛奶（或豆奶）60ml，红豆 40g

黄油软化 将变软的黄油放入碗中加入黄糖、盐，进行搅拌。

倒入牛奶 搅拌至面粉看不到颗粒的程度，加入牛奶开始和面。

放入鸡蛋 待黄油搅拌至乳白色，放入鸡蛋搅拌。

加入红豆 红豆留下 10g 后，剩下的全部倒入面糊中，充分搅拌。Tip

加入粉状用料 在碗中放入过筛的低筋粉、炒制的豆粉、泡打粉，均匀搅拌。

烤制 在马芬蛋糕模具里放入硫酸纸，注入面糊，表面撒上 10g 红豆，烤箱预热 180℃后烤制 25 分钟。

Tip 虽然可以使用直接买来的红豆馅，但还是建议自制红豆馅料，红豆煮熟后，
加入 1:1 的水和糖继续煮，直到红豆完全煮烂，并呈现出光泽时关火。使
用红豆馅的话，只需要红豆用料的 1/3 即可。

Muffin

180℃ 25分钟

绿茶马芬蛋糕

使用绿茶粉或者抹茶粉制作马芬蛋糕、曲奇、磅蛋糕时，可以发挥天然色素的作用，给甜点带来绿色。微微发苦的绿茶味道独特，可以根据喜好增加甜度。使用抹茶粉代替绿茶粉，可以减少苦涩的味道。

低筋粉 115g，白糖 50g，绿茶粉（或抹茶粉）5g，泡打粉 1ts，盐少许，
黄油 60g，鸡蛋 50g，牛奶 60ml

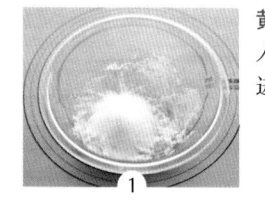

黄油软化 将变软黄油放入碗中，加入糖、盐，进行搅拌。Tip 1

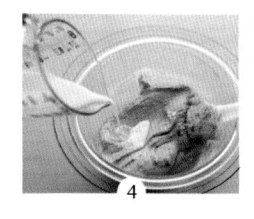

倒入牛奶 搅拌至面团呈现出深绿的茶色时，加入牛奶开始和面。

放入鸡蛋 待黄油搅拌至乳白色，放入鸡蛋搅拌。

烤制 在马芬蛋糕模具里放入硫酸纸，注入面糊，烤箱预热 180℃后烤制 25 分钟。Tip 2

加入粉状用料 在碗中放入过筛的低筋粉、绿茶粉、泡打粉，均匀搅拌。

Tip 1 制作马芬蛋糕时，把黄油放在室温中软化，便于搅拌。
Tip 2 可以从糕点制作商那里购买马芬蛋糕锡箔纸代替马芬蛋糕模具，在锡箔纸里铺上硫酸纸，锡箔纸下次还可以使用。

Muffin

180℃ 25分钟

胡萝卜马芬蛋糕

胡萝卜富含抗氧化效果极强的 β 胡萝卜素，而且胡萝卜卡路里低，颜色鲜亮，可谓烘焙的绝佳材料。制作胡萝卜马芬蛋糕可以作为健康的礼物，送给吸烟的父亲、节食的朋友，挑食的小朋友。

Ready（制作直径 7cm 大小的马芬蛋糕 4~5 个）

低筋粉 120g，白糖 40g，泡打粉 1ts，盐少许，黄油 60g，鸡蛋 50g，
牛奶 40ml，蜂蜜 15g，胡萝卜 1/3 个（60g）

切胡萝卜 胡萝卜去皮后切成小块。

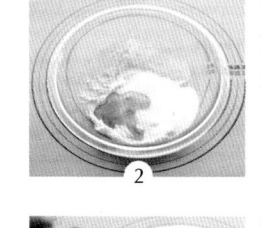

黄油软化 将变软的黄油放入碗中加入糖、蜂蜜、盐，进行搅拌。

放入鸡蛋 待黄油搅拌至乳白色，放入鸡蛋搅拌。

加入胡萝卜 待黄油和鸡蛋搅拌均匀后，放入切碎的胡萝卜。

加入粉状用料 在碗中放入过筛的低筋粉、泡打粉，均匀搅拌。

倒入牛奶 搅拌至面粉看不到颗粒的程度，加入牛奶开始和面。

烤制 在马芬蛋糕模具里放入硫酸纸，注入面糊，烤箱预热 180℃后烤制 25 分钟。Tip

Tip 烤箱的烤制状况各不相同，确认时可以使用竹签，扎入马芬蛋糕如果不会粘的话，说明马芬蛋糕烤熟了。

Muffin

180℃

25 分钟

覆盆子果酱马芬蛋糕

果酱每次买回家涂抹面包片吃，总要吃上很长时间。囤积的果酱不妨用来制作马芬蛋糕，无论是覆盆子果酱、蓝莓酱、香橙酱都可以制作出美味的马芬蛋糕。

Ready（制作直径 7cm 大小的马芬蛋糕 4~5 个）

低筋粉 120g，白糖 40g，泡打粉 1ts，盐少许，黄油 60g，鸡蛋 50g，
牛奶 40ml，覆盆子果酱 30g

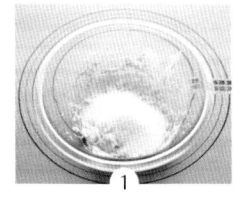

黄油软化 将变软黄油放入碗中，加入糖、盐，进行搅拌。

1

倒入牛奶 搅拌至看不到面粉颗粒时，加入牛奶开始和面。

4

放入鸡蛋 待黄油搅拌至乳白色，放入鸡蛋搅拌。

2

加入果酱 覆盆子果酱分 3~4 次加入，轻轻地搅拌。Tip

5

加入粉状用料 在碗中放入过筛的低筋粉、泡打粉，均匀搅拌。

3

烤制 在马芬蛋糕模具里放入硫酸纸，注入面糊，烤箱预热 180℃后烤制 25 分钟。

6

Tip 注意放入果酱的份量，覆盆子果酱放入太多，会烘焙不出大理石纹理，而
　　且味道过甜。

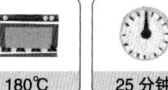

180℃   25 分钟

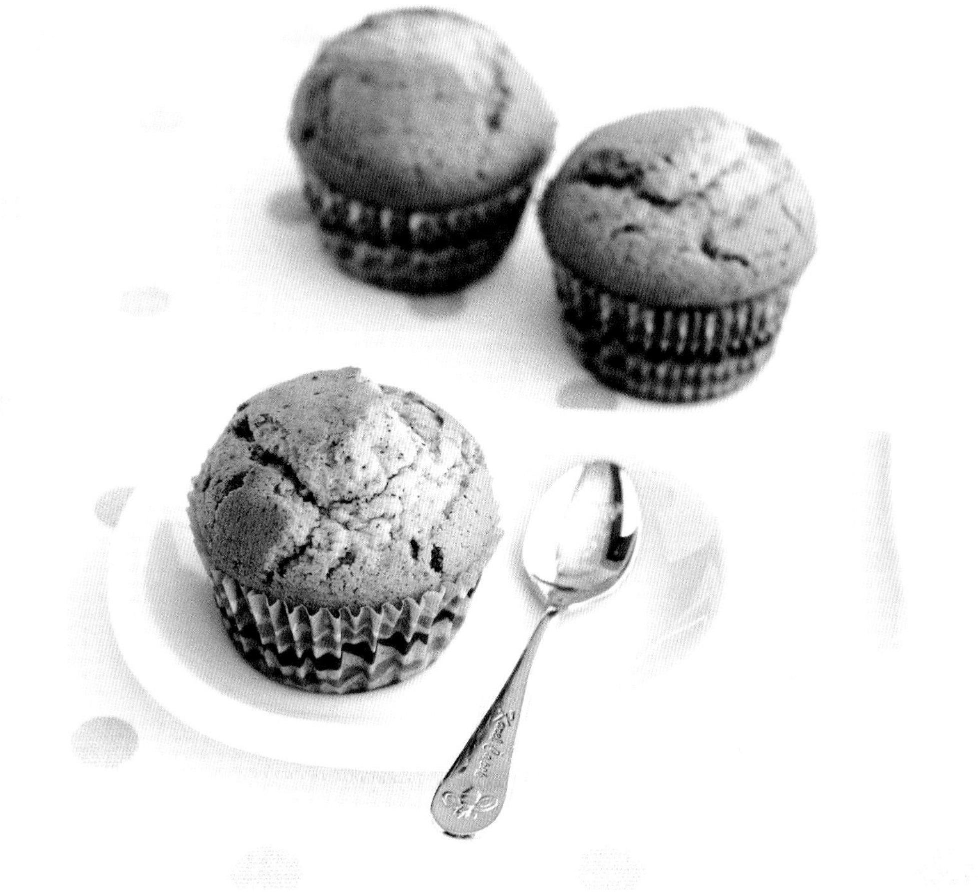

奶茶马芬蛋糕

红茶和牛奶混合，得到柔和的口味和淡淡的香气，奶茶可谓下午茶的主角。牛奶是马芬蛋糕必不可少的原料，而奶茶马芬蛋糕不过多了在牛奶中泡制茶包这一工序，制作非常简单。

低筋粉 120g，黄糖 55g，泡打粉 1ts，伯爵红茶茶包 1/2 个（1g），盐少许，黄油 60g，鸡蛋 50g

奶茶 牛奶 100ml，伯爵红茶茶包 2 个（4g）

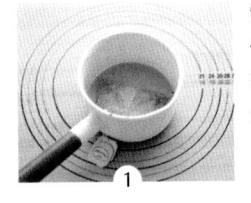

制作奶茶 在碗中放入制作奶茶的用料，用小火煮开，盖上盖子放置 5 分钟，取 60ml 待用。Tip

1

加入粉状用料 在碗中放入过筛的低筋粉、泡打粉、伯爵红茶茶粉，均匀搅拌。

4

黄油软化 将变软黄油放入碗中，加入黄糖、盐，进行搅拌。

2

倒入奶茶 搅拌至看不见面粉颗粒为止，倒入 60ml 奶茶搅拌，制成面饼。

5

放入鸡蛋 待黄油搅拌至乳白色，放入鸡蛋搅拌。

3

烤制 在马芬蛋糕模具里放入硫酸纸，注入面糊，烤箱预热 180℃后烤制 25 分钟。

6

Tip 为了使这款马芬蛋糕更具茶香，所以建议使用伯爵红茶的茶包，其中的茶叶已经完全粉碎，所以易于溶入面糊。若用茶叶，则要精细地切碎后使用。

南瓜肉桂马芬蛋糕

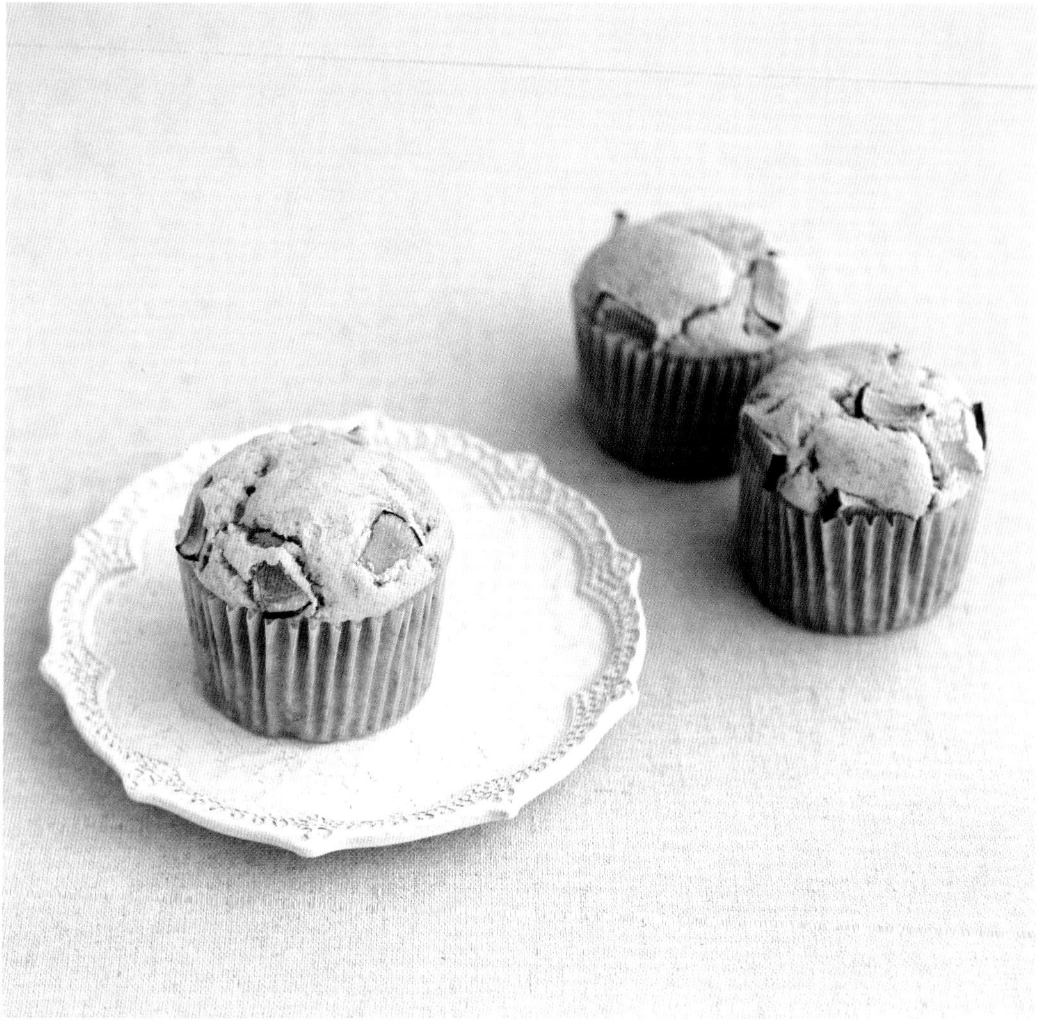

南瓜易于果腹，热量又低，是很适合烘焙的原料。这款南瓜肉桂马芬蛋糕制作时，在面糊中放入捣碎的南瓜，又添加南瓜块，让南瓜的香气由内及外，浑然一体。

低筋粉 120g，糖 50g，泡打粉 1ts，肉桂粉 1ts，盐少许，黄油 60g，
鸡蛋 1 个，牛奶 40ml，南瓜酱 50g，南瓜 50g

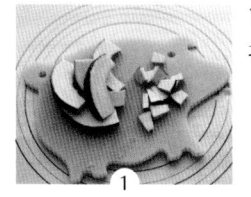

南瓜切块 将南瓜切成小块儿，待用。

加入粉状用料 在碗中放入过筛的低筋粉、泡打粉、肉桂粉，均匀搅拌。

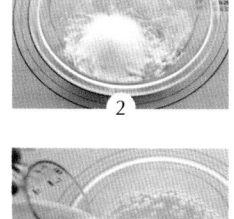

黄油软化 将变软的黄油放入碗中，加入糖、盐，进行搅拌。

倒入牛奶 搅拌至看不到面粉颗粒时，加入牛奶开始和面。

放入鸡蛋 待黄油搅拌至乳白色，放入鸡蛋搅拌。

放入南瓜 将切小块的南瓜放入面糊轻轻地搅拌。

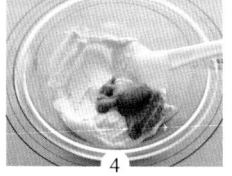

加入南瓜酱 在上面的材料中加入南瓜酱搅拌。
Tip

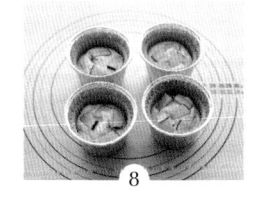

烤制 在马芬蛋糕模具里放入硫酸纸，注入面糊，烤箱预热 180℃后烤制 25 分钟。

Tip 如果没有现成的南瓜酱而需要自制时，要比预计的重量多蒸一些，然后取出适量的黄色瓜瓤部分，精细地碾磨后使用。

Muffin

180℃→170℃ 25~30 分钟

薄荷巧克力马芬蛋糕

你有在厨房窗台上种植香草么？香草中的薄荷经常适用于烘焙之中，不妨在家种植一些。清凉的薄荷能让这款巧克力马芬蛋糕清香爽口。

低筋粉 120g，糖 45g，无糖可可粉 10g，泡打粉 2g，盐少许，黄油 60g，鸡蛋 100g，
牛奶 30ml，蜂蜜 15g，薄荷利乔酒 15ml，黑巧克力 100g，薄荷叶 20 片

薄荷糖霜 糖粉 20~22g，薄荷利乔酒 10ml

薄荷叶切碎 将薄荷且切成碎末。

加入粉状用料 在碗中放入过筛的低筋粉、泡打粉、无糖可可粉，均匀搅拌。

黄油软化 将变软黄油放入碗中，加入糖、蜂蜜、盐，进行搅拌。

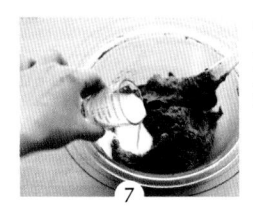

倒入牛奶 搅拌至看不到面粉颗粒时，加入牛奶开始和面。

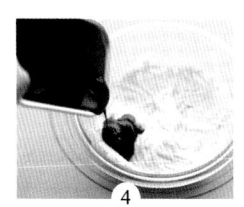

放入鸡蛋 待黄油搅拌至乳白色，放入鸡蛋搅拌。

烤制 在马芬蛋糕模具里放入硫酸纸，注入面糊，烤箱预热 180℃后，降温至 170℃，烤制 25~30 分钟。

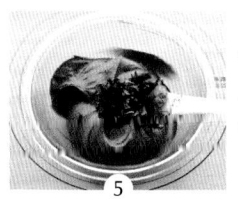

放入黑巧克力 待黄油和鸡蛋溶合之后，加入黑巧克力，隔水加热，均匀搅拌。

添加霜饰 将薄荷糖霜用料混合，洒在马芬蛋糕上。

放入薄荷利乔酒，薄荷叶 倒入薄荷利乔酒，再加入切碎的薄荷叶，均匀搅拌。Tip

Tip 薄荷利乔酒的度数不高，加入面糊中，能带来浓郁的薄荷香气。当然，如果没有这种酒，不放入也没关系。

Muffin

180℃　25 分钟

玉米芝士马芬蛋糕

芝士切片有微咸而浓香的味道，与香甜有嚼头的玉米粒搭配，可谓相得益彰。芝士即便少量摄取也能带来人体所需的热量，这款马芬蛋糕是早餐的最佳选择。

Ready（制作直径 7cm 大小的 4~5 个）

低筋粉 120g，糖 50g，泡打粉 1ts，盐少许，黄油 60g，鸡蛋 50g，
牛奶 60ml，灌装玉米粒 45g，芝士片 3 片（30g）

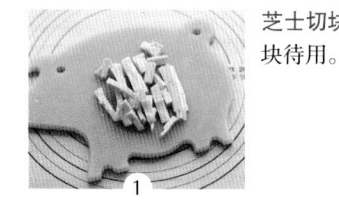

芝士切块 将芝士切成小块待用。

1

倒入牛奶 搅拌至看不到面粉颗粒时，加入牛奶开始和面。

5

黄油软化 将变软黄油放入碗中，加入糖、蜂蜜、盐，进行搅拌。

2

加入芝士块和玉米粒 将全部芝士块和 40g 玉米粒加入面糊，轻轻地搅拌。Tip

6

放入鸡蛋 待黄油搅拌至乳白色，放入鸡蛋搅拌。

3

烤制 在马芬蛋糕模具里放入硫酸纸，注入面糊，再撒上剩余 5g 玉米粒。烤箱预热 180℃后，烤制 25 分钟。

7

加入粉状用料 在碗中放入过筛的低筋粉、泡打粉，均匀搅拌。

4

Tip 使用灌装玉米，请用筛子过筛，滤去水分后使用。

Muffin

180℃ 20分钟

红豆馅马芬蛋糕

天气渐凉，让人不由地想起红豆的香甜味道。使用红豆馅就能制作出这款口味香甜的红豆马芬蛋糕，从色泽和外观都令人食欲大增。

Ready（制作直径 7cm 大小的 4~5 个）

低筋粉 120g，糖 35g，泡打粉 1ts，盐少许，黄油 60g，鸡蛋 50g，
牛奶 60ml，红豆馅 70g，黑芝麻少许

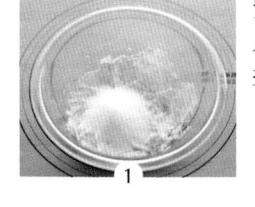

黄油软化 将变软黄油放入碗中，加入糖、蜂蜜、盐，进行搅拌。

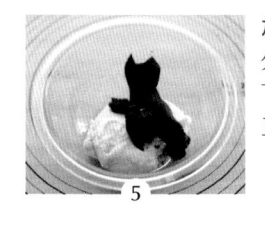

加入红豆馅 将面糊的三分之一取出待用，在剩下的三分之二中加入红豆馅进行和面。Tip

放入鸡蛋 待黄油搅拌至乳白色，放入鸡蛋搅拌。

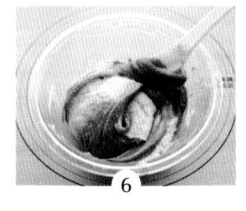

加入剩余面糊 红豆馅面糊搅拌均匀后，放入之前取出的三分之一面糊，搅拌两三次，形成双色的纹路。

加入粉状用料 在碗中放入过筛的低筋粉、泡打粉，均匀搅拌。

烤制 在马芬蛋糕模具里放入硫酸纸，注入面糊，撒上芝麻，烤箱预热 180℃后，烤制 20 分钟。

倒入牛奶 搅拌至看不到面粉颗粒时，加入牛奶开始和面。

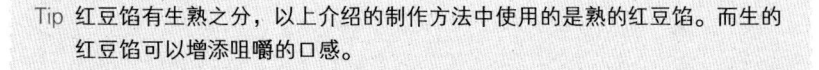

Tip 红豆馅有生熟之分，以上介绍的制作方法中使用的是熟的红豆馅。而生的
红豆馅可以增添咀嚼的口感。

苹果酥马芬蛋糕

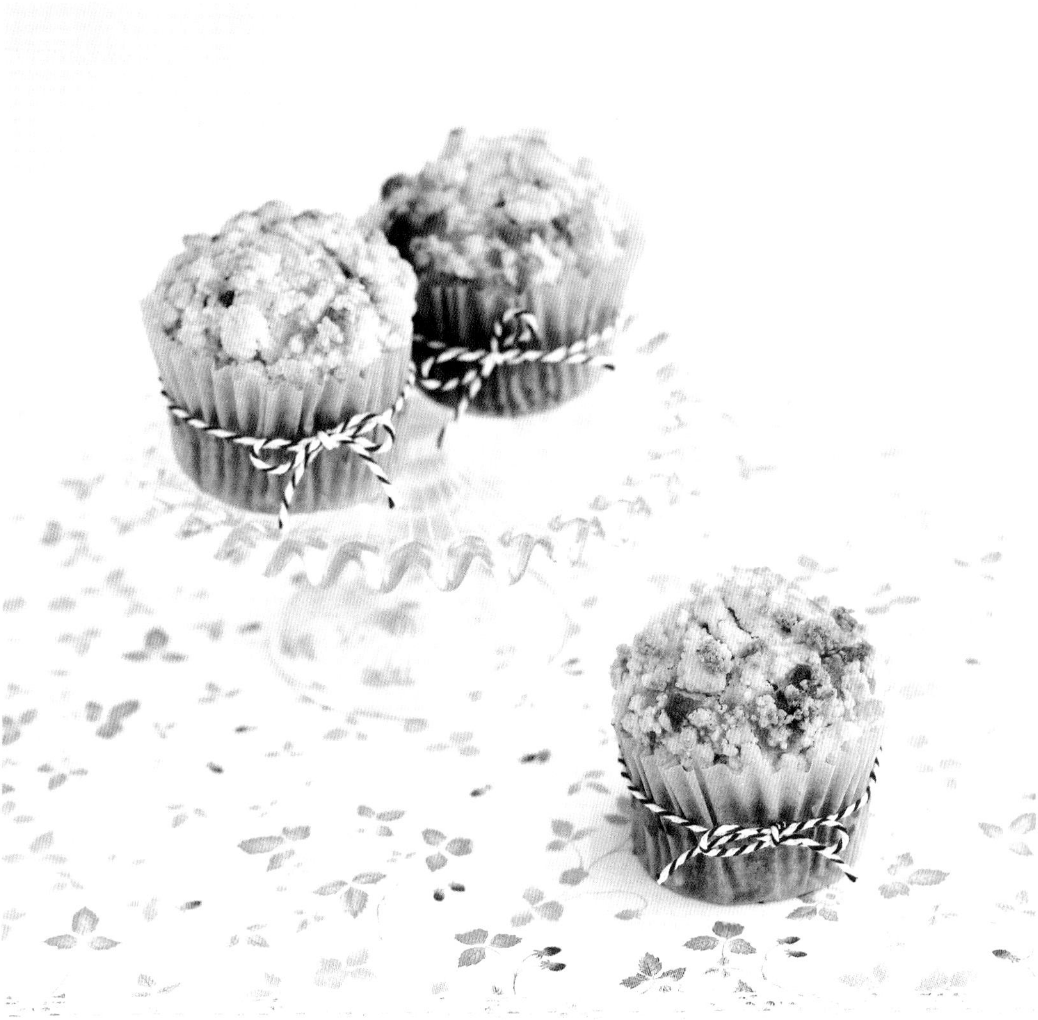

酥皮在烘焙中叫做 crumble 或者 soboro。将酥皮加在苹果碎的上面制作出类似苹果派的外观，酸甜松脆的苹果酥马芬蛋糕，吃一个就可以带来饱腹感。

Ready（制作直径 7cm 大小的 4~5 个）

低筋粉 120g，糖 40g，泡打粉 1ts，盐少许，黄油 60g，鸡蛋 50g，牛奶 60ml

苹果碎 苹果 1 个（120g），黄糖 20g，肉桂粉少许

酥皮 低筋粉 30g，黄糖 30g，杏仁粉 30g，黄油 30g

煮熟苹果碎 将切好的苹果小块儿和黄糖放入锅中，中火煮熟。

完成苹果碎的制作 将煮熟的苹果碎去除水分，与肉桂粉混合搅拌，冷却待用。Tip 1

加入酥皮 将过筛的低筋粉、黄糖、杏仁粉放入外重，加入黄油，用双手揉压搅拌。Tip 2

将酥皮冷藏 将酥皮揉成后，放入冰箱冷藏 30~60 分钟。

黄油软化 将变软黄油放入碗中，加入黄糖、盐，进行搅拌。

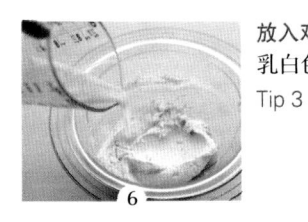

放入鸡蛋 待黄油搅拌至乳白色，放入鸡蛋搅拌。Tip 3

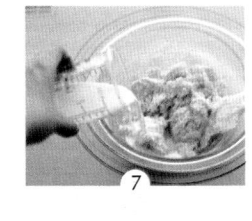

加入粉状用料，倒入牛奶 在碗中放入过筛的低筋粉、泡打粉，均匀搅拌。搅拌至看不到面粉颗粒时，加入牛奶开始和面。

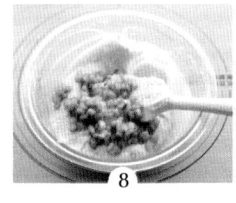

放入苹果碎 将冷却了的苹果碎放入，搅拌。

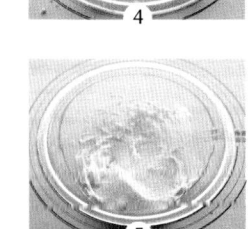

烤制 在马芬蛋糕模具里放入硫酸纸，注入面糊，撒上冷藏好的酥皮，烤箱预热 180℃后，烤制 20 分钟。

Tip 1 要去除水分，否则会使面糊过稀。
Tip 2 放入的酥皮越凉越好。
Tip 3 放入和面的黄油，最好在室温中融化，再进行搅拌。

180℃   20分钟

Muffin

枫糖浆摩卡马芬蛋糕

枫糖浆比普通的糖或糖稀甜度更低，而且作为一种天然原料，对身体无害。和意大利特浓咖啡混合后就能制作出这款独特香味、口感柔软的马芬蛋糕了。

低筋粉 120g，枫糖浆 50g，黄糖 35g，泡打粉 1ts，盐少许，黄油 60g，
鸡蛋 50g，牛奶 40ml，意大利特浓咖啡约 15ml

黄油软化 将变软黄油放入碗中，加入糖、蜂蜜、盐，进行搅拌。

1

倒入牛奶 搅拌至看不到面粉颗粒时，加入牛奶开始和面。

5

放入鸡蛋 待黄油搅拌至乳白色，放入鸡蛋搅拌。

2

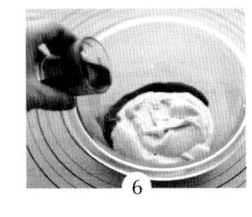

加入意式特浓咖啡 将面糊分成两部分，一半加入意式特浓咖啡搅拌均匀。Tip

6

加入枫糖浆 当黄油和鸡蛋完全溶合后，加入枫糖浆搅拌。

3

烤制 将两部分面糊分别注入纸杯，烤箱预热180℃后，烤制20分钟。

7

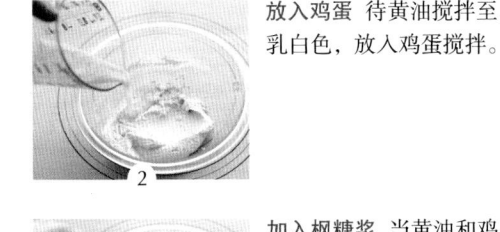

加入粉状用料 在碗中放入过筛的低筋粉、泡打粉，均匀搅拌。

4

Tip 如果没有意式咖啡，也可以用速溶咖啡代替。取 5g 放入 10ml 温水调制后使用。

Scone

180℃　20~25 分钟

原味司康

是英国家庭中最具代表性的茶点，制作工业看上去比较繁琐，但是制作后能品尝到买不来的独特味道。温热的司康抹上果酱和凝脂奶油（clotted cream），给你带来下午茶的十足享受。

低筋粉 150g，糖 25g，泡打粉 1ts，盐少许，黄油 50g，鸡蛋 25g，牛奶 43ml

其他用料 和面用牛奶少许，和面时面板上撒的面粉少许

搅拌粉状原料和黄油 将低筋粉、泡打粉、糖和盐过筛后，与切好的黄油放入碗中，使用刮板（scraper）进行搅拌。Tip

切半 擀好的面饼切成两半。

加入鸡蛋和牛奶 当粉状用料和黄油溶合后加入鸡蛋和牛奶，刮板用刀切法和面。

叠放擀制 将切成两半的面饼叠放，再次擀制。重复进行步骤 5~7 一到两次。

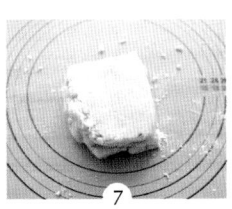

揉团 将搅拌后的各种用料揉制成面团。

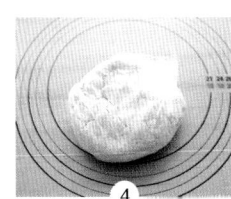

模具压制 将重复擀制的面饼压成 2cm 厚，使用圆形模具造型。

醒面 包裹保鲜膜，压扁后，放入冰箱冷藏 30~60 分钟。

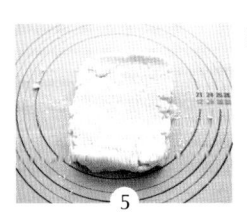

烤制 将司康面饼放入烤盘，表面薄薄地涂抹一层牛奶。烤箱预热 180℃，烤制 20~25 分钟。

擀制 将醒好的面团取出，向一个方向擀平。

Tip 司康的制作与曲奇和马芬蛋糕不同，所有的材料都在凉的状态下制作，而且越凉越容易制作出松脆的司康。

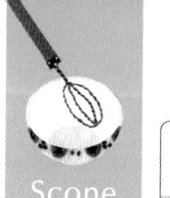

Scone

180℃　20~25 分钟

芝士司康

不放入黄油，而添加奶油干酪和切达芝士，以得到独特的口味。对于不爱直接食用的芝士的小朋友，这种司康可能改变他们的想法。芝士的浓香使司康味道浓郁，吃一块就根本停不下来。

Ready（制作直径 5cm 的圆形司康 10~12 个）

低筋粉 150g，糖 30g，泡打粉 1ts，帕尔马芝士（Parmesan cheese）粉 15g，
黄油 50g，鸡蛋 25g，牛奶 43ml，奶油干酪 60g，切达芝士片 30g

其他用料 和面用牛奶少许，和面时面板上撒的面粉少许

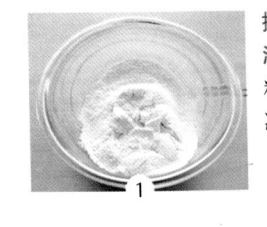

搅拌粉状原料，加入奶油干酪 将低筋粉、泡打粉、糖和盐过筛后，与凉的奶油干酪一起搅拌。

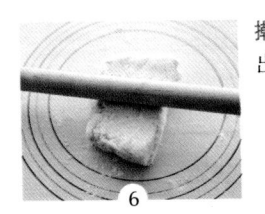

擀制 将醒好的面团取出，向一个方向擀平。

材料混合 当上一步所有原料搅拌均匀后，使用刮板刀切法搅拌。

叠放擀制 擀好的面饼切成两半。将切成两半的面饼叠放，再次擀制。重复此步骤一到两次。

加入牛奶、鸡蛋 均匀搅拌之后加入凉的牛奶和鸡蛋，使用刀切法搅拌。

模具压制 将重复擀制的面饼压成 2cm 厚，使用圆形模具造型。

加入切达芝士 用料开始结团，将切达芝士切碎放入碗中，开始和面。

烤制 将司康面饼放入烤盘，表面涂上牛奶。烤箱预热 180℃，烤制 20~25 分钟。

醒面 包裹保鲜膜，压扁后，放入冰箱冷藏 30~60 分钟。Tip

Tip 司康的制作经过醒面冷却和二次揉制，因此比起一般的烤品拥有更松脆的口感。

Scone

180℃

20~25 分钟

可可豆司康

可可豆是制作巧克力的原料，可以很容易地从面包制造商或供货商处买到。比起直接使用巧克力酱，可可豆能带来更浓郁的巧克力香味和齿间留香的口感。

低筋粉 140g，无糖可可粉 15g，黄糖 30g，泡打粉 1ts，盐少许，黄油 50g，

鸡蛋 25g，牛奶 43ml，巧克力碎 20g，可可豆 20g

其他用料 和面用牛奶少许，和面时面板上撒的面粉少许

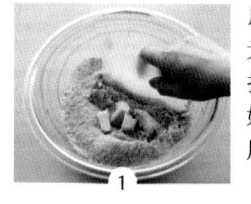

用料混合搅拌 将低筋粉、无糖可可粉、黄糖、泡打粉、盐过筛后，与切好的冷黄油放入碗中，使用刮板刀切法进行搅拌。

1

加入鸡蛋和牛奶 当粉状用料和黄油溶合后加入鸡蛋和牛奶，刮板用刀切法和面。

2

加入巧克力碎和可可豆 当搅拌的用料开始结团时，放入巧克力碎和可可豆，轻轻搅拌和面。

3

醒面 包裹保鲜膜，压扁后，放入冰箱冷藏 30~60 分钟。

4

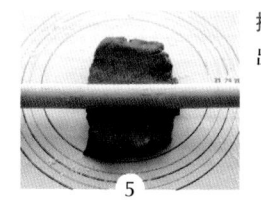

擀制 将醒好的面团取出，向一个方向擀平。

5

叠放擀制 将面饼切成两半上下叠放，再次擀制。重复进行步骤 5~7 一到两次。

6

模具压制 将重复擀制的面饼压成 2cm 厚，使用圆形模具造型。

7

烤制 将司康面饼放入烤盘，表面薄薄地涂抹一层牛奶。烤箱预热 180℃，烤制 20~25 分钟。

8

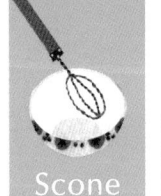

180℃ 　20~25 分钟

绿茶杏仁司康

绿茶带来新鲜的色泽，杏仁增添了咀嚼的口感，特别的茶香使得这款司康和茶饮料成为完美的配搭。

低筋粉 150g，杏仁碎 35g，糖 30g，绿茶粉（或用抹茶粉）6g，泡打粉 1ts，
盐少许，黄油 50g，鸡蛋 25g，牛奶 43ml

其他用料 和面用牛奶少许，和面时面板上撒的面粉少许

用料混合搅拌 将低筋粉、糖、泡打粉、绿茶粉、盐过筛后，与切好的冷黄油放入碗中，使用刮板刀切法进行搅拌。Tip 1

叠放擀制 将醒好的面团取出，向一个方向擀平。再将面饼切成两半上下叠放，再次擀制。重复进行步骤 5~7 一到两次。

加入鸡蛋和牛奶 当粉状用料和黄油溶合后，加入鸡蛋和牛奶，刮板用刀切法和面。

切块 将重复擀制的面饼压成 2cm 厚，切成方形。

加入杏仁碎 当搅拌的用料开始结团时，放入杏仁碎，轻轻搅拌和面。Tip 2

烤制 将司康面饼放入烤盘，表面薄薄地涂抹一层牛奶。烤箱预热180℃，烤制 20~25 分钟。

醒面 包裹保鲜膜，压扁后，放入冰箱冷藏 30~60 分钟。

Tip 1 想要口感松软就使用低筋粉，若想得到更有嚼头的司康，可以在低筋粉中加入一些中筋粉和高筋粉。

Tip 2 没有杏仁碎的话，也可以用杏仁砸碎自制。

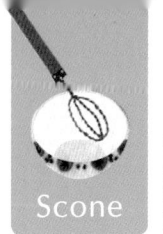

Scone

180℃ 20~25 分钟

南瓜司康

添加了南瓜，使司康好吃又营养。可以搭配牛奶成为健康的早餐，也可以精美包装起来送给朋友。因为南瓜本身有香甜的味道，要根据自己的口感调节糖的分量。

Ready（制作直径 6cm 的圆形司康 8~10 个）

低筋粉 180g，糖 50g，泡打粉 8g，盐少许，黄油 80g，牛奶 20ml，

南瓜酱 90g，南瓜 1/8 个（30g）

其他用料 和面用牛奶少许，和面时面板上撒的面粉少许

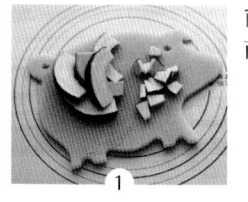

南瓜切块 将南瓜切成小而薄的小块儿，待用。

擀制切半 将醒好的面团取出，向一个方向擀平后，切成两半。

用料混合搅拌 将低筋粉、糖、泡打粉、盐过筛后，与凉的黄油放入碗中，使用刮板刀切法进行搅拌。

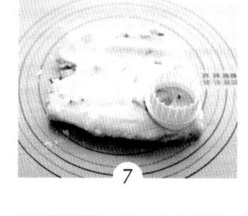

叠放擀制 将面饼切成两半上下叠放，再次擀制。重复进行步骤 5~7 一到两次。

加入南瓜酱和牛奶 当粉状用料和黄油溶合后，加入南瓜酱和牛奶，刮板用刀切法和面。Tip

模具压制 将重复擀制的面饼压成 2cm 厚，使用圆形模具造型。

醒面 当上一步搅拌结团时，放入南瓜块和面。揉团后包裹保鲜膜，压扁放入冰箱冷藏 30~60 分钟。

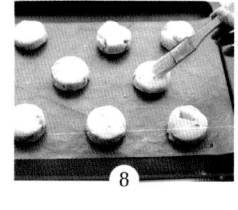

烤制 将司康面饼放入烤盘，表面薄薄地涂抹一层牛奶。烤箱预热 180℃，烤制 20~25 分钟。

Tip 如果没有现成的南瓜酱而需要自制时，要比预计的重量多蒸一些，然后取出适量的黄色瓜瓤部分，精细地碾磨后使用。

无论是在生日之类的纪念日，还是平日的下午茶时间，一块蛋糕配合饮品总能给你带来崭新的活力。但是蛋糕的制作往往不能缺少烤制蛋糕胚的过程，所以很多人望而却步。但是在一年才有一次的纪念日，你的辛劳付出会换来家人、朋友由衷的感动。这里将介绍一些制作简单的蛋糕，比如磅蛋糕、蒸糕、蛋糕卷、芝士蛋糕等。只要领会基本的制作方法就能触类旁通，灵活运用了。学习过后，你就能使用不同的模具、各类的材料，制作出各种外形和口感的蛋糕和甜点了！

Part 4

特殊日子的礼物
蛋糕 & 派

Cake

180℃   25分钟

海绵蛋糕

海绵蛋糕又被叫做 Genoise，可以作为很多种类蛋糕的蛋糕胚。一般需要使用到鲜奶油和黄油忌廉，虽然看上去工艺繁琐，一旦掌握就可以灵活地使用了。各位一定要学会哦！

Ready（制作直径 18cm 的圆形蛋糕 1 个）

低筋粉 100g，糖 95g，黄油 30g，鸡蛋 150g，牛奶 15ml

其他材料 蛋糕表面撒的糖粉适量

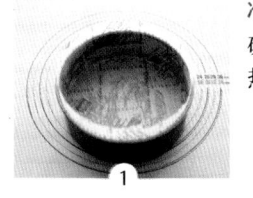

准备 在圆形模具里铺好硫酸纸，黄油和牛奶加热待用。

放入黄油、牛奶 等搅拌至看不见面粉颗粒时。沿碗的边缘慢慢倒入黄油和牛奶，搅拌和面。

鸡蛋和糖隔水加热 鸡蛋和糖放入碗中溶合后，使用隔水加热的方法，继续搅拌使糖完全溶化。
Tip

注入模具 将面糊从高于圆形模具 30cm 处倒入，注满整个模具。

打鸡蛋 等鸡蛋和糖溶合后，使用手提搅拌机或打蛋器打出丰富的泡沫。

烤制 将模具向下扣两下，排出残余的气。烤箱预热 180℃，烤制 25 分钟。

完成鸡蛋泡沫的制作 将泡沫打制硬度适中时，即可停止。

装饰 烤好的海绵蛋糕上罩上冷却架，撒上糖粉作为装饰。

放入低筋粉 在鸡蛋泡沫中放入过筛的低筋粉，整体进行搅拌。

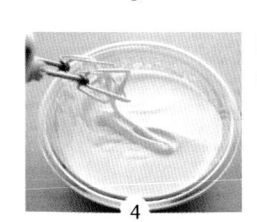

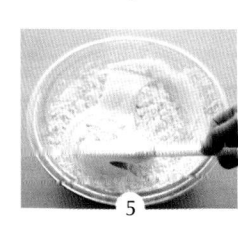

Tip 海绵蛋糕制作过程中所有材料都不能处于冷的状态，特别是打鸡蛋的时候，只有保持较温的温度，泡沫才可能制作得丰富且细腻，所以隔水加热的方法可以提高蛋液的温度。另外放入和面的黄油和牛奶应该保持 50~60℃，这样可以防止和好的面团不会塌陷。

Cake

180℃

20~25 分钟

巧克力樱桃蛋糕

用这款蛋糕作为生日礼物，一定可以得到满分！浓郁的巧克力和酸甜的樱桃是绝配，美味十足。可以使用其他多种水果代替樱桃，获得不同的口感。

Ready（制作直径 15cm 的圆形蛋糕 1 个）

低筋 60g，无糖可可粉 10g，黄油 15g，牛奶 15g，黑巧克力（长条版状）250g，罐头樱桃 300g

鸡蛋泡 鸡蛋 100g，糖 65g

糖浆 糖 20g，水 20ml，樱桃利乔酒 15ml

奶油 奶油 250ml，糖 15g

准备 在圆形模具里铺好硫酸纸，黑巧克力刨出薄片待用，黄油和牛奶加热待用。

1

准备糖浆、樱桃 将糖浆用料中的糖和水放入锅中，小火将糖溶化后，倒入樱桃利乔酒，制成糖浆。樱桃切半。Tip 1

6

制作鸡蛋泡 参照 146 页步骤 2~4，制作鸡蛋泡。

2

蛋糕堆加 1 将奶油用料混合后涂抹在模具里，放入一层巧克力蛋糕，再抹一层奶油，并加入切好的樱桃。Tip 2

7

放入粉状和液体用料 将过筛的低筋粉、无糖可可粉放入鸡蛋泡，待完全溶合后，将温热的黄油和牛奶慢慢地倒入，搅拌和面。

3

蛋糕堆加 2 重复上一工序，在盖上的巧克力蛋糕层上涂抹糖浆和奶油，再铺一层樱桃。

8

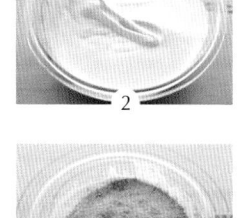

烤制 在模具里铺好硫酸纸，注入面糊，排除气泡。烤箱预热 180℃，烤制 20~25 分钟。

4

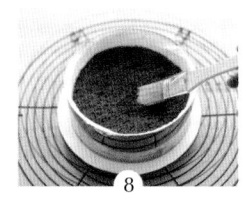

涂抹奶油 按顺序再加上巧克力蛋糕，糖浆，奶油，樱桃，最后用奶油进行整体的涂抹。

9

切片 烤好的巧克力蛋糕置于冷却网上，完全冷却后切成 1cm 厚的蛋糕片。

5

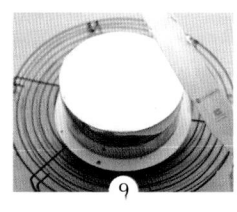

装饰 在蛋糕表面均匀地涂满奶油之后，撒上巧克力碎，顶面可以使用奶油和樱桃进行装饰。

10

Tip 1 制作糖浆时若没有樱桃甜酒，可以使用朗姆酒代替。
Tip 2 在搅拌奶油的时候，可以隔冰水搅拌以获得更有力度的泡沫。

Cake

180℃　12分钟

南瓜蛋糕卷

柔软的蛋糕添加丰富的奶油卷成的蛋糕卷，再加上香甜的南瓜，这款蛋糕可谓老少咸宜。也可以在南瓜之外尝试其他的配料哦。

Ready（制作 23*33cm 烤盘大小的 1 个）

低筋粉 50g，玉米淀粉 10g，黄油 15g，牛奶 15ml，蜂蜜 10g

鸡蛋泡 鸡蛋 150g，糖 55g

糖浆 糖 30g，水 30ml，朗姆酒 1ts

南瓜糊 奶油 180ml，糖 20g，南瓜酱 90g

准备 将糖浆的用料糖和水放入锅中，煮沸后加入朗姆酒搅拌，制成糖浆待用。南瓜切块，微波炉烤熟待用。

1

制作鸡蛋泡 参照 146 页步骤 2~4，制作鸡蛋泡。

2

放入粉状用料 将过筛的低筋粉、玉米淀粉放入鸡蛋泡，搅拌和面。Tip 1

3

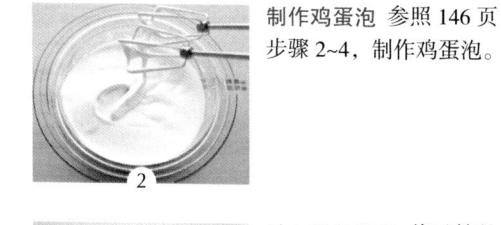

放入黄油和牛奶 取出少量面糊与黄油和牛奶搅拌和面，揉好后再加入到剩下的面糊中和面。

4

烤制 在模具里铺好硫酸纸，注入面糊，把表面收拾平整。烤箱预热180℃，烤制 12 分钟。

5

制作南瓜酱 奶油和糖搅拌成有力度的泡沫，加入南瓜酱。Tip 2

6

涂抹糖浆 在烤好的蛋糕底座上涂抹糖浆。Tip 3

7

涂抹南瓜酱 糖浆涂抹后，再涂上南瓜酱。

8

放上南瓜块 在南瓜酱上放上切好的熟南瓜块。

9

冷藏 使用硫酸纸卷制蛋糕卷，切成合适大小，放入冰箱冷藏。

10

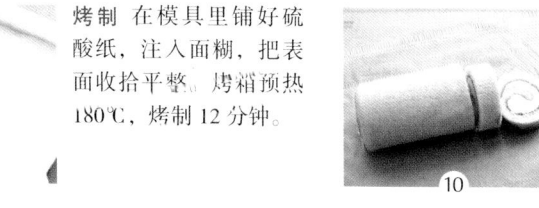

Tip 1 没有玉米淀粉，也可以使用其他种类的淀粉。

Tip 2 可以自制南瓜酱，将蒸好的南瓜取出黄色的果肉部分取出制成南瓜酱，注意要使用比成品甜南瓜酱分量更多的南瓜作为原料。

Tip 3 烤好的蛋糕胚切成条状，要涂抹一层糖浆或者南瓜酱再卷制。

Cake

160℃ 30~40 分钟

巧克力蛋糕

巧克力蛋糕的法语里被叫做 gateau au chocala，它的最大特色就是放入大量巧克力，制作出浓郁甜香的口感。烤制之后可以撒上糖粉，或者用可可豆进行装饰，制成非常有个性的蛋糕。

Ready（制作直径 15cm 的圆形蛋糕 1 个）

低筋粉 30g，无糖可可粉 20g，糖 60g，黄油 60g，鸡蛋 100g，奶油 30ml，黑巧克力 85g

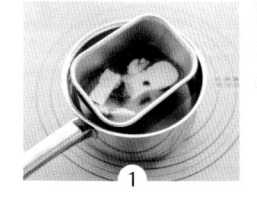

隔水加热黄油、黑巧克力 将黄油、黑巧克力隔水加热，待用。Tip

放入 1/3 的蛋白霜 在巧克力面糊里放入 1/3 的蛋白霜。

搅拌蛋黄和糖 将蛋清和蛋黄分置于两个碗中，在蛋黄中加入 30g 糖搅拌。

放入粉状用料 将低筋粉、无糖可可粉过筛后，放入碗中进行搅拌。

加入黄油、黑巧克力 待蛋黄颜色搅拌得变白时加入溶化的黄油和黑巧克力。

加入剩下 2/3 蛋白霜 等到看不见面粉颗粒时，加入剩下的蛋白霜，搅拌和面。

加入奶油 等到黄油和黑巧克力完全搅拌均匀时，加入奶油搅拌、和面。

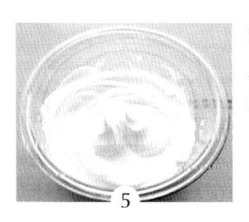

烤制 在圆形模具里铺好硫酸纸，注入面糊并排出气泡。烤箱预热160℃，烤制 30~40 分钟。

制作蛋白霜 在蛋清中加入 30g 糖，搅拌成有一定硬度的蛋白霜。

Tip 建议使用可可含量高的黑巧克力，这样更能凸显巧克力的浓香，而避免过于甜腻。

蒸锅温度 15分钟

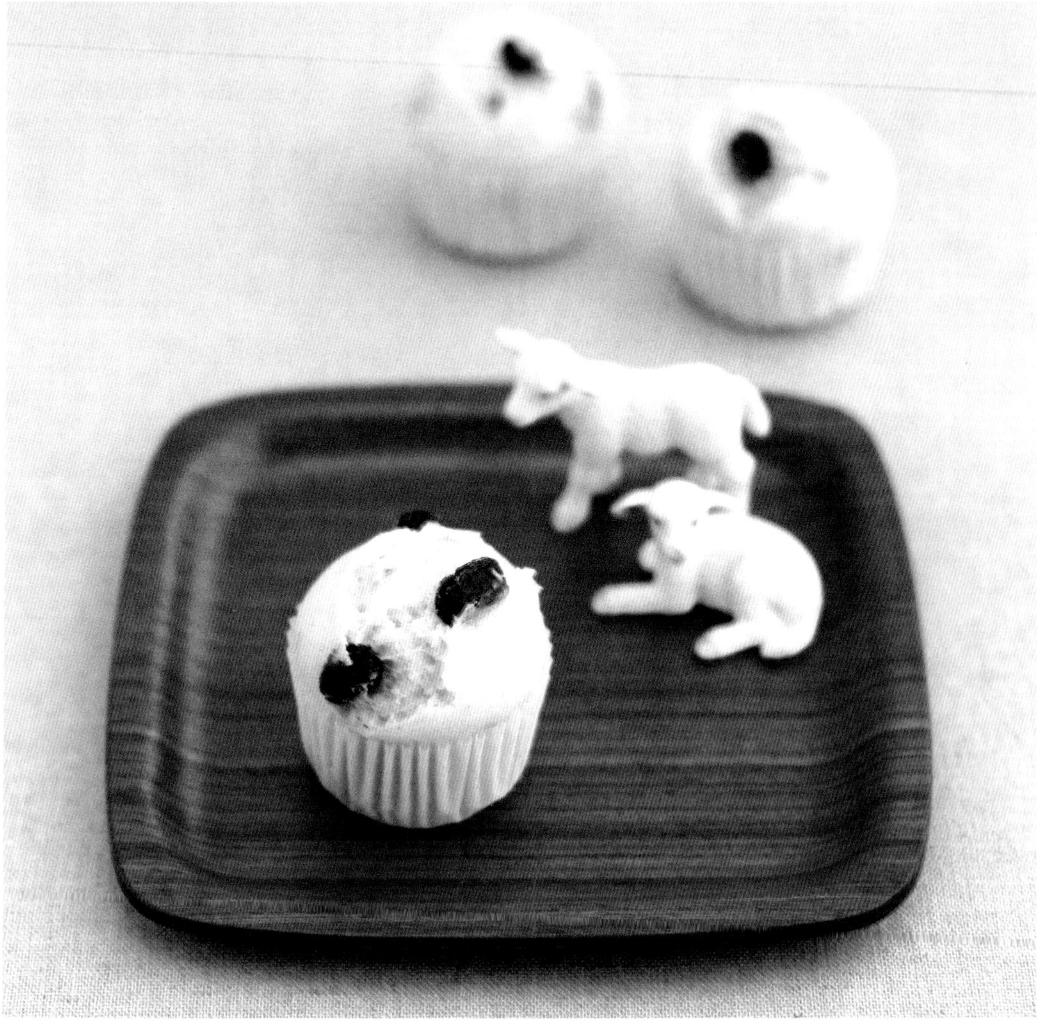

白雪蒸糕

如果没有烤箱，就制作蒸糕吧，这款蒸糕是使用米粉制成的极品甜点。制作方法简单，连初学者也能轻松搞定，可以使用纸杯制成小巧玲珑的马芬蛋糕，也可以使用圆形模具做成较大的蛋糕。

低筋粉 80g，米粉（烘焙用）40g，糖 40g，玉米淀粉 10g，泡打粉 3g，苏打粉 1g，
盐少许，牛奶 75ml，蛋清 35g，葡萄籽油 12ml，葡萄干 40~50g

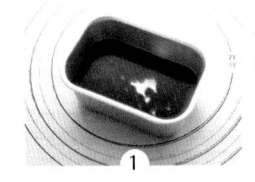

泡葡萄干 把葡萄干在沸
水中泡 5 分钟，控掉水
分后待用。

放入粉状、液体用料 将
低筋粉、米粉、糖、玉米
淀粉、泡打粉、苏打粉、
盐过筛后，放入碗中，加
入牛奶、蛋清，进行搅拌。

放入葡萄籽油 在粉状用
料看不见颗粒后，加入
葡萄籽油均匀搅拌。

放入葡萄干 等到葡萄籽
油完全溶合后，放入葡
萄干搅拌，和面。

蒸制 在银箔杯或马芬蛋
糕模具铺好硫酸纸，放
入蒸锅，蒸制 15 分钟。
Tip

Tip 防止水流入蛋糕中，可以使用面部覆盖，再盖上锅盖。

 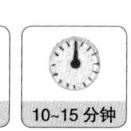

Cake

180℃ | 10~15 分钟

巧克力杏仁小熊蛋糕

平时收集了可爱的烘焙模具，就可以制作这款巧克力杏仁小熊蛋糕了，用杏仁粉代替面粉，口味更为浓香。

Ready（制作 3cm 大小的 36 个）

杏仁粉 60g，糖粉 60g，无糖可可粉 8g，玉米淀粉 5g，泡打粉 1g，盐少许，

黄油 45g，蛋清 74g，金万利酒（Grand Marnier）1ts

其他用料 模具上涂抹的黄油少许

融化黄油 黄油放入锅中，小火加热至呈现淡褐色为止。Tip 1

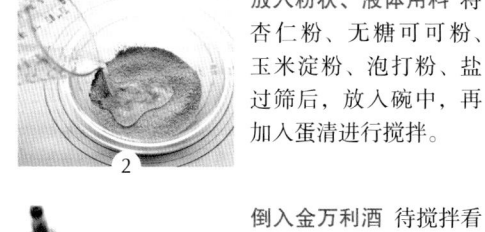

放入粉状、液体用料 将杏仁粉、无糖可可粉、玉米淀粉、泡打粉、盐过筛后，放入碗中，再加入蛋清进行搅拌。

倒入金万利酒 待搅拌看不到粉状材料时，倒入金万利酒搅拌。

放入黄油 将 36g 煮好的黄油过筛后，缓慢搅拌着倒入面糊中。

注入裱花袋 将面糊注入裱花袋。

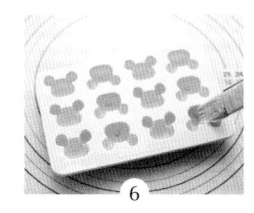

刷黄油 在模具中仔细地涂抹黄油。

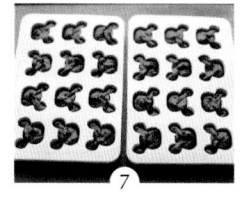

烤制 将面糊注入模具，烤箱预热 180℃后，烤制 10~15 分钟。Tip 2

Tip 1 黄油煮沸后会失去水分，分量随之减少，因此在称重时应该适量多放一些。
Tip 2 若使用更大的模具就要烤制 15~20 分钟。

170℃　30~40 分钟

方形香蕉蛋糕

香蕉口感香甜细腻是孩子们特别喜欢的水果。将香蕉捣碎后和面，最后在表面用香蕉切片装饰，这款蛋糕从内到外让你感受浓浓的香蕉风味。

Ready（制作方形 16.5cm 大小的 1 个）

低筋粉 140g，糖 90g，杏仁粉 60g，肉桂粉 1/2ts，泡打粉 1/2ts，苏打粉 1/4ts，
盐少许，黄油 100g，鸡蛋 100g，奶油 55ml，香蕉 1 个（100g）

香蕉泥 香蕉 2 个（200g），糖 5g

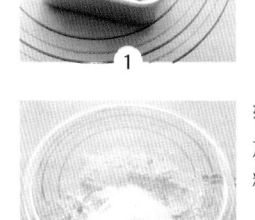

制作香蕉泥 用料放入碗中，使用叉子按压制成香蕉泥。

1

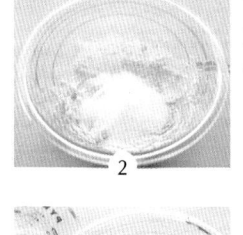

软化黄油 在另一只碗中放入变软的黄油，加入糖、盐进行搅拌。

2

加入鸡蛋 待黄油颜色呈乳白色时，分多次加入少量鸡蛋搅拌。

3

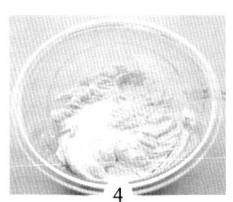

加入奶油 等到鸡蛋、黄油完全溶合之后，加入奶油搅拌。

4

放入香蕉泥 等到奶油搅拌均匀即可放入香蕉泥。

5

放入粉状用料 将低筋粉、杏仁粉、肉桂粉、泡打粉、苏打粉、盐过筛后，放入碗中搅拌。

6

注入面糊 在方形模具里铺好硫酸纸，面糊注入模具，将表面抹平整。
Tip

7

烤制 将香蕉切成 4~5mm 厚的薄片，摆放在面糊表面。烤箱预热 170℃，烤制 30~40 分钟。

8

Tip 把面糊注入纸杯，在每个上面再放上香蕉切片，就能变身成为香蕉马芬蛋糕了。

Cake | 180℃→160℃ | 15→25 分钟

朗姆酒葡萄干磅蛋糕

使用 1 磅重的材料制成，磅蛋糕的名称由此得来。朗姆酒磅蛋糕在基本的磅蛋糕上加入朗姆酒和葡萄干制成，比起制作后直接食用，放到第二天再吃，能品尝到湿软的口感。

低筋粉 120g，糖 80g，泡打粉 1ts，盐少许，黄油 100g，鸡蛋 100~105g，朗姆酒 20ml，葡萄干 90g

糖浆 糖 30g，水 30ml，朗姆酒 30ml

其他用料 切口上涂抹用的食用油若干

1 烫过的葡萄干与朗姆酒搅拌 葡萄干在沸水中烫 1 分钟，放入朗姆酒中浸泡。

5 加入粉状用料 待黄油和鸡蛋溶合后，放入过筛的低筋粉、泡打粉搅拌。

2 制作糖浆 将糖浆的原料糖、水放入锅中，糖煮化开后加入朗姆酒制作成糖浆。

6 加入泡制的葡萄干 等搅拌到看不见面粉颗粒时，就放入葡萄干继续搅拌，和面。

3 软化黄油 黄油放软后加入糖、盐搅拌。

7 烤制 放入磅蛋糕模具，使用铲子蘸着食用油在表面划出切口。Tip

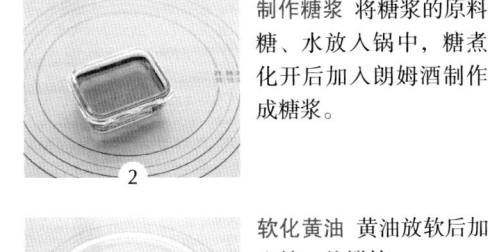

4 加入鸡蛋 待黄油呈乳白色时，一点点地加入鸡蛋，搅拌。

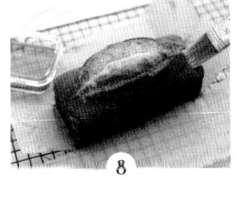

8 涂抹糖浆 预热 180℃，烤制 15 分钟，再使用 160℃烤 25 分钟，之后在表面刷上糖浆。

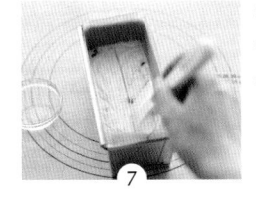

Tip 使用涂抹食用油的铲子在蛋糕面团上划出一条直线，这样可以得到整齐美观的开口，烤制出凸起开裂的部分。

Cake

180℃→170℃　35 分钟

无花果磅蛋糕

这是一款制作极为简单的磅蛋糕，面团里放入切好的无花果，再加上表面装饰的无花果果肉，咀嚼起来酸甜脆爽。使用食用香精减少了制作的繁琐过程，这款蛋糕只需要快速简单地混合材料就能品尝到美味了。

Ready（制作长 12cm 的磅蛋糕 4 个）

低筋粉 180g，泡打粉 4g，黄糖 120g，盐少许，黄油 150g，鸡蛋 150g，泡制无花果 170g

其他用料 切口上涂抹用的食用油少许，在蛋糕表面涂抹的水果酒和水少许，

装饰用的半干的无花果适量

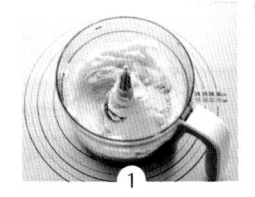

软化黄油 黄油放软后加入糖、盐搅拌。Tip 1

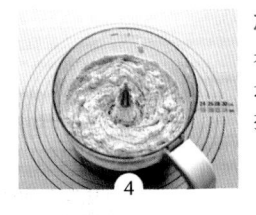

加入粉状用料 等到无花果被均匀搅拌后，放入过筛的低筋粉、泡打粉搅拌，和面。Tip 3

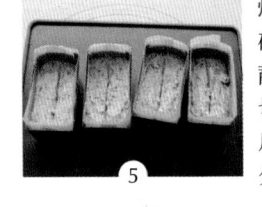

加入鸡蛋 待黄油呈乳白色时，一点点加入鸡蛋，搅拌。

烤制 放入铺好硫酸纸的磅蛋糕模具，使用铲子蘸着食用油在表面划出切口。烤箱预热 180℃ 后降至 170℃，烤制 35 分钟。Tip 4

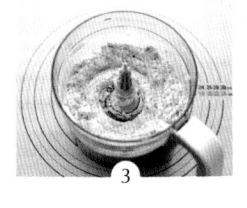

加入泡制的无花果 待黄油和鸡蛋溶合后，放入无花果搅拌。Tip 2

装饰 烤好的蛋糕冷却后，使用水果酒与同等分量的水溶合，涂抹在蛋糕表面，再用无花果干进行顶面装饰。

Tip 1 如果没有食用香精，在混合面粉材料时按顺序加入黄油、白糖、盐、鸡蛋、无花果碎即可。

Tip 2 在干净的玻璃瓶中放入 300g 无花果，使用朗姆酒泡制一周后使用最佳。

Tip 3 粉状的香精如果一次性放入会结块，使得蛋糕口感变硬，所以在放入时应该多次、均匀地倒入，并且搅拌后停一会儿再重复搅拌。

Tip 4 制作较大的磅蛋糕时可以烤制 40 分钟。

大理石磅蛋糕

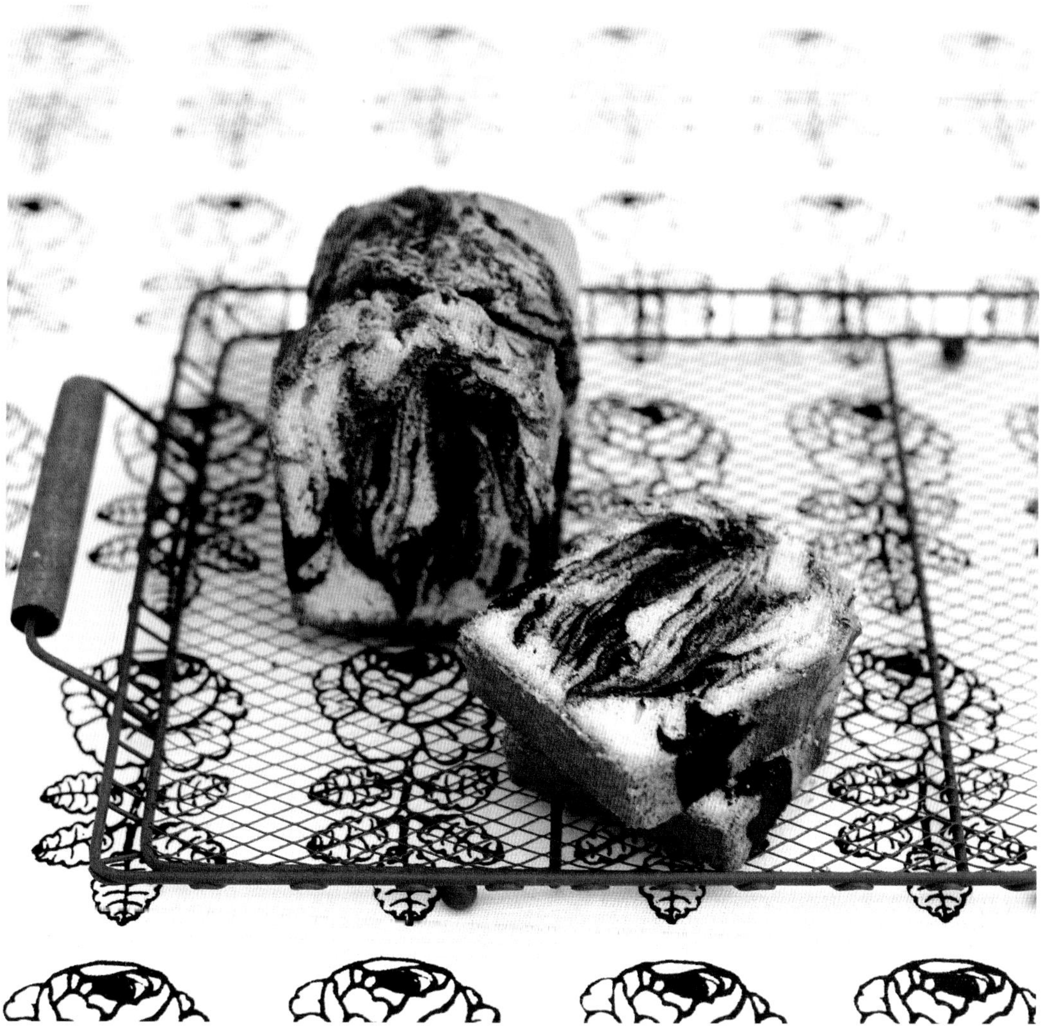

混合原料对于烘焙非常重要，制作大理石蛋糕的关键在于，使用颜色不同的面团混合，形成看上去非常自然的纹路。这款蛋糕不仅外观好看，而且混合了两种口味，现在就尝试制作吧！

Ready（制作长 18cm 的磅蛋糕 1 个）

低筋粉 120g，糖粉 100g，无糖可可粉 15g，泡打粉 1ts，盐少许，黄油 100g，

鸡蛋 100g，蛋黄 15g，牛奶 25ml，香草豆（种子部分）少许

其他用料 切口上涂抹用的食用油少许

软化黄油 黄油放软后加入糖粉、盐搅拌。Tip 1

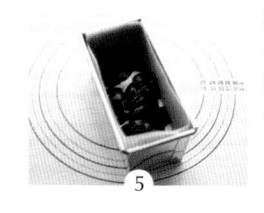

填入面团 将白色面团的一半放入铺好硫酸纸的磅蛋糕模具里，再放入揉成的巧克力面团。

加入鸡蛋 待黄油呈乳白色时，一点点地加入鸡蛋，搅拌。

搅拌 用勺子将两色面团搅拌，呈现出大理石的纹路，然后再放入剩下的白色面团。

加入香草豆 待黄油和鸡蛋溶合后，放入香草豆搅拌。然后放入过筛的低筋粉、泡打粉搅拌，和面。Tip 2

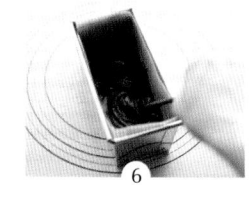

继续搅拌 搅拌至呈现出大理石纹路，排出底部的残留空气。

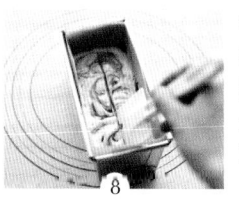

制作巧克力面团 等到看不见面粉颗粒为止，取出 1/3 的面团加入可可粉和牛奶，揉制巧克力面团。Tip 3

烤制 使用铲子蘸着食用油涂抹在表面。烤箱预热 180℃后放入加热 15 分钟，再用 160℃烤制 25 分钟。

Tip 1 糖粉放入后使用手提搅拌机搅拌的话，面粉会飞溅而出，应使用铲子搅拌一次之后再使用手提搅拌机。

Tip 2 香草糖可以使用香草油代替。

Tip 3 用绿茶粉 7g 加牛奶 20ml 取代可可粉，其他的工艺相同，就可以制作出绿茶大理石蛋糕了。

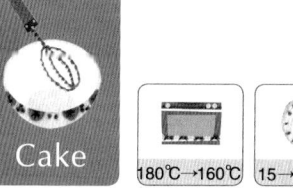

Cake

180℃→160℃　　15→25 分钟

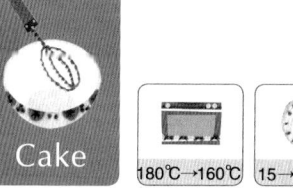

栗子酱磅蛋糕

法国产的栗子制成的栗子酱与国产的栗子酱，味道和颜色上都有不同。推荐从网上购买法国 bonne maman 出品的栗子酱，可以在烘焙中发挥很多作用。如果想制作低糖的磅蛋糕，则可以不放栗子酱。

低筋粉 120g，泡打粉 1ts，黄糖 60g，盐少许，黄油 80g，栗子酱 80g，

鸡蛋 100g，高浓度朗姆酒 15ml，栗子碎 90g

其他用料 切口上涂抹用的食用油若干

软化黄油 黄油放软后加入黄糖、盐搅拌。

放入栗子酱 待黄油呈乳白色时，放入栗子酱搅拌。

加入鸡蛋 黄油和栗子酱均匀溶合后，一点点地加入鸡蛋，搅拌。

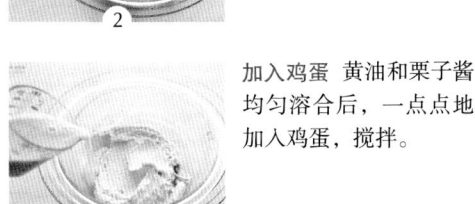

加入朗姆酒 待黄油和鸡蛋溶合后，加入朗姆酒。Tip 1

加入粉状用料 放入过筛的低筋粉、泡打粉搅拌。

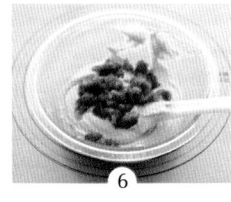

加入栗子酱 等搅拌到看不见面粉颗粒时，就放入栗子酱继续搅拌，和面。Tip 2

烤制 放入铺好硫酸纸的磅蛋糕模具，使用铲子蘸着食用油在表面划出切口。预热 180℃，烤制 15 分钟，再使用 160℃烤 25 分钟，之后在表面刷上糖浆。

Tip 1 烘焙中使用高浓度的朗姆酒，则可以获得更好的香味。
Tip 2 如果没有栗子碎，可以购买栗子罐头或者糖炒栗子代替。

150℃　50~60 分钟

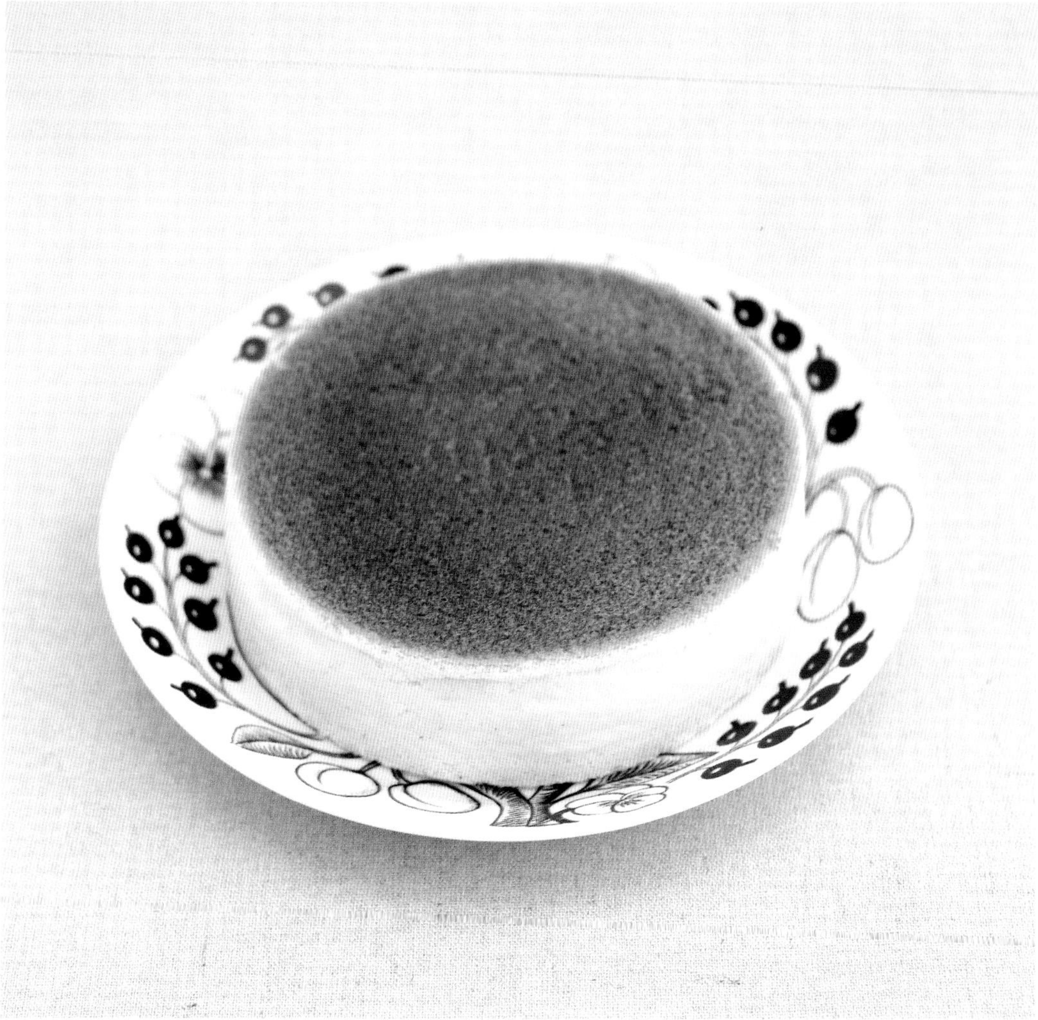

蛋奶芝士蛋糕

蛋奶芝士蛋糕中放入了蛋白霜，蒸馏烤制而成，与其他的芝士蛋糕相比口感湿软。
掌握了蛋白霜和蒸馏的方法，就可以轻松地做出比买来吃味道更好的芝士蛋糕了。

Ready（制作直径 15cm 圆形蛋糕 1 个）

制成的海绵蛋糕 1 个，奶油干酪 150g，糖粉 30g，玉米淀粉 20g，糖 20g，

黄油 15g，鸡蛋 100g，牛奶 80ml，奶油 27ml，柠檬汁 10ml

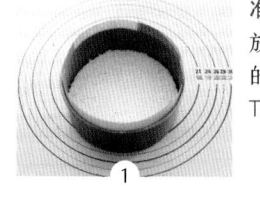

准备工作 在圆形模具中放好海绵蛋糕，把鸡蛋的蛋黄和蛋清分离备用。Tip 1

加入牛奶、奶油 搅拌到看不见淀粉颗粒后放入牛奶搅拌，再加入奶油和面。Tip 2

软化黄油 将变软的黄油放入碗中，加入糖粉和蛋黄搅拌。

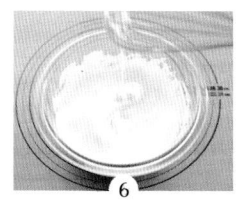

制作蛋白霜 在另一只碗中放入蛋清，打出泡沫后放入糖，制作成泡沫丰富的蛋白霜。Tip 3

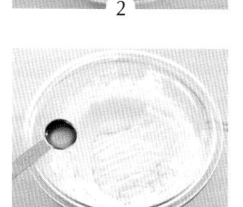

加入柠檬汁 蛋黄搅拌均匀时可以加入柠檬汁。

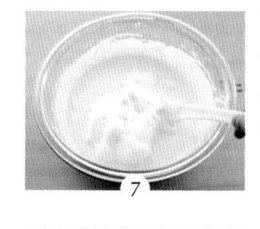

面团中放入蛋白霜 将制作好的蛋白霜一点点加入面团上，填入圆形模具。

加入玉米淀粉 柠檬汁均匀搅拌后放入过筛的玉米淀粉，搅拌。

烤制 面团填充圆形模具后，在烤盘注入温水，烤箱以 150℃ 预热，烤制 50~1 小时。Tip 4

Tip 1 参考 146 页，先制作一个海绵蛋糕待用。

Tip 2 牛奶要加温后待用。

Tip 3 放入芝士蛋糕的蛋白霜越柔软细腻，则能带来更好的口感。

Tip 4 长时间蒸馏烤制，会带来柔软湿润的口感，烤制结束要待蛋糕完全冷却后，再将其分离取出。

160~170℃

40~50 分钟

Cake

南瓜芝士蛋糕

用全麦曲奇代替海绵蛋糕做成蛋糕胚，再放入南瓜，制造出富有营养的蛋糕。减少了制作海绵蛋糕的步骤，而使用曲奇，简单易上手。

Ready（制作直径 15cm 圆形蛋糕 1 个）

奶油干酪 200g，奶油 95ml，糖 70g，玉米淀粉 20g，糖 20g，鸡蛋 100g，

香草粉少许，南瓜酱 150g，南瓜子适量

底面用的全麦曲奇 60g，黄油 20g

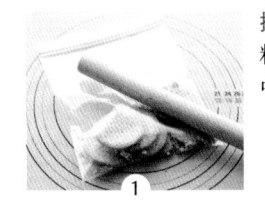

擀碎全麦曲奇 将底面用料的全麦曲奇在塑料袋中擀碎。

1

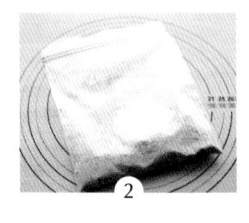

加入黄油搅拌 放入变软的黄油，搅拌均匀后制成底面。

2

放入模具冷藏 在圆形模具中铺好硫酸纸，将底面用料压实，放入冰箱冷藏 1 小时备用。

3

加入鸡蛋和香草粉 南瓜酱搅拌均匀后，先后加入鸡蛋和香草粉搅拌均匀。

6

加入玉米淀粉 鸡蛋、香草粉均匀搅拌后，放入过筛的玉米淀粉搅拌。

7

加入奶油 搅拌到看不见淀粉颗粒后加入奶油，和面。

8

软化奶油干酪 将变软的黄油放入碗中，加入糖搅拌。

4

烤制 将冷藏的底面取出，面团填充入圆形模具，表面撒上南瓜子，烤箱以 160~170℃ 预热，烤制 40~50 分钟。Tip 2

9

加入南瓜酱 奶油干酪和糖均匀搅拌后，加入南瓜酱搅拌。Tin 1

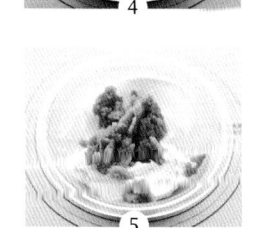

5

Tip 1 可以自制南瓜酱，将蒸好的南瓜取出黄色的果肉部分取出制成南瓜酱，注意要使用比成品甜南瓜酱分量更多的南瓜作为原料。

Tip 2 烤好的南瓜芝士蛋糕待完全冷却后，再从模具中取出。可以放在冰箱冷藏，这样得到更好的口感。

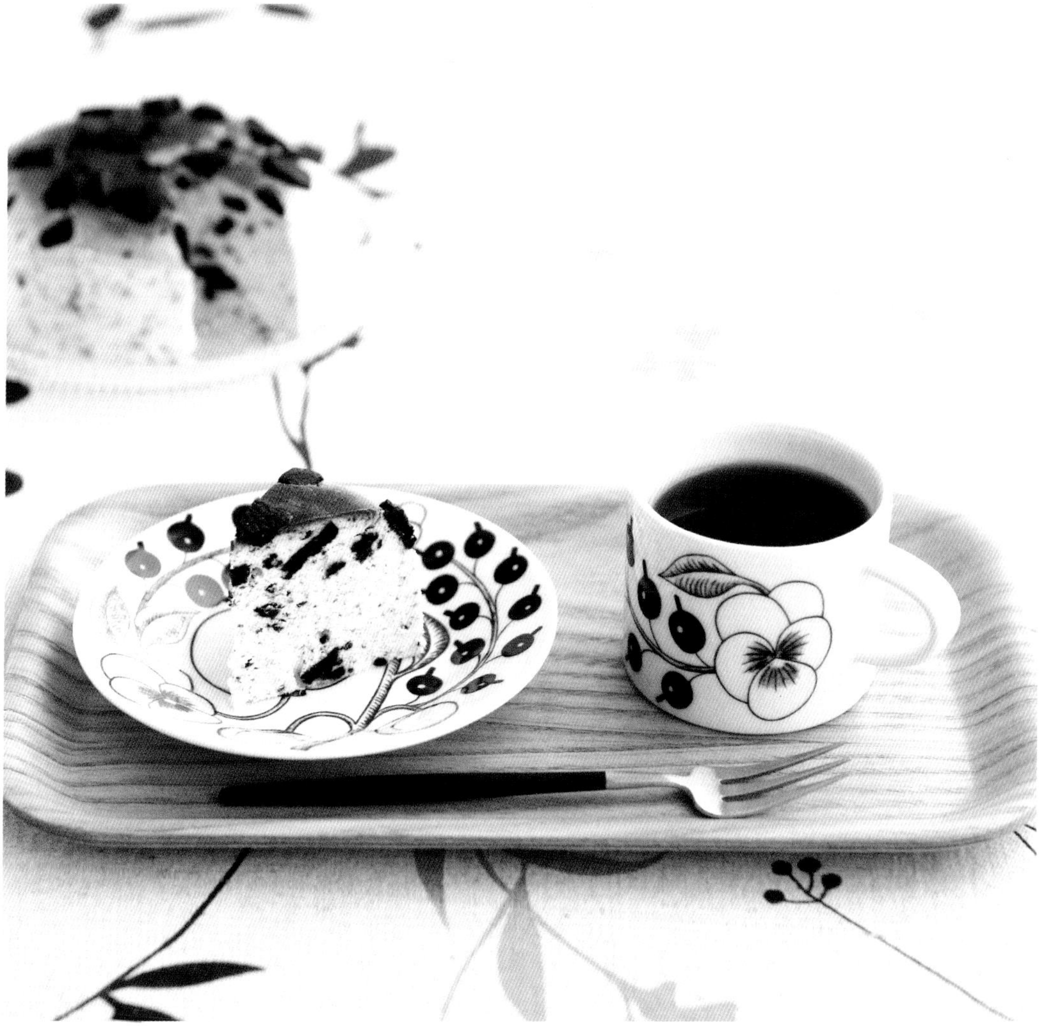

奥利奥芝士蛋糕

将奥利奥饼干完全粉碎后放入面团中和面，创造出梦幻的美味。加入一些酸奶油（sour cream）可以使面糊不至于太稀，还有助于减少芝士油腻的口感。

Ready（制作直径 18cm 圆形蛋糕 1 个）

奥利奥 50~60g，奶油干酪 250g，奶油 200g，酸奶油 120g，糖 80g，
玉米淀粉 2ts，鸡蛋 100g，香草豆（种子部分）1/2 个

擀碎奥利奥 把奥利奥的奶油去掉后擀碎，将鸡蛋的蛋黄和蛋清分离备用。

加入奶油 搅拌到看不见淀粉颗粒后放入奶油搅拌，和面。

混合奶油干酪，酸奶油 将奶油干酪放入碗中，加入酸奶油搅拌。

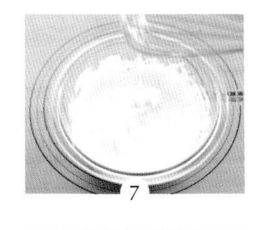
制作蛋白霜 在另一只碗中放入蛋清，打出泡沫后放入 50~55g 糖，制作成泡沫丰富的蛋白霜。

加入白糖 奶油搅拌均匀时可以加入 25~30g 糖搅拌。

面团中放入蛋白霜 将制作好的蛋白霜一点点加入面团搅拌。

加入蛋黄和香草豆 待糖搅拌均匀后，加入蛋黄和香草豆搅拌。

烤制 把奥利奥碎倒入面团搅拌，面团填充圆形模具后，在烤盘注入温水，烤箱以 150℃ 预热，烤制 50 分钟。Tip 2

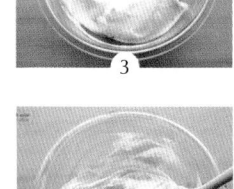
加入玉米淀粉 蛋黄和香草豆均匀搅拌后放入过筛的玉米淀粉，搅拌。

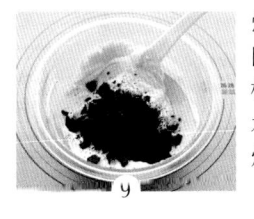

Tip 1 放入芝士蛋糕的蛋白霜越柔软细腻，则能带来更好的口感。
Tip 2 烤制完成待完全冷却后，再从模具中取出，避免蛋糕被损坏。

 170℃  25~30 分钟

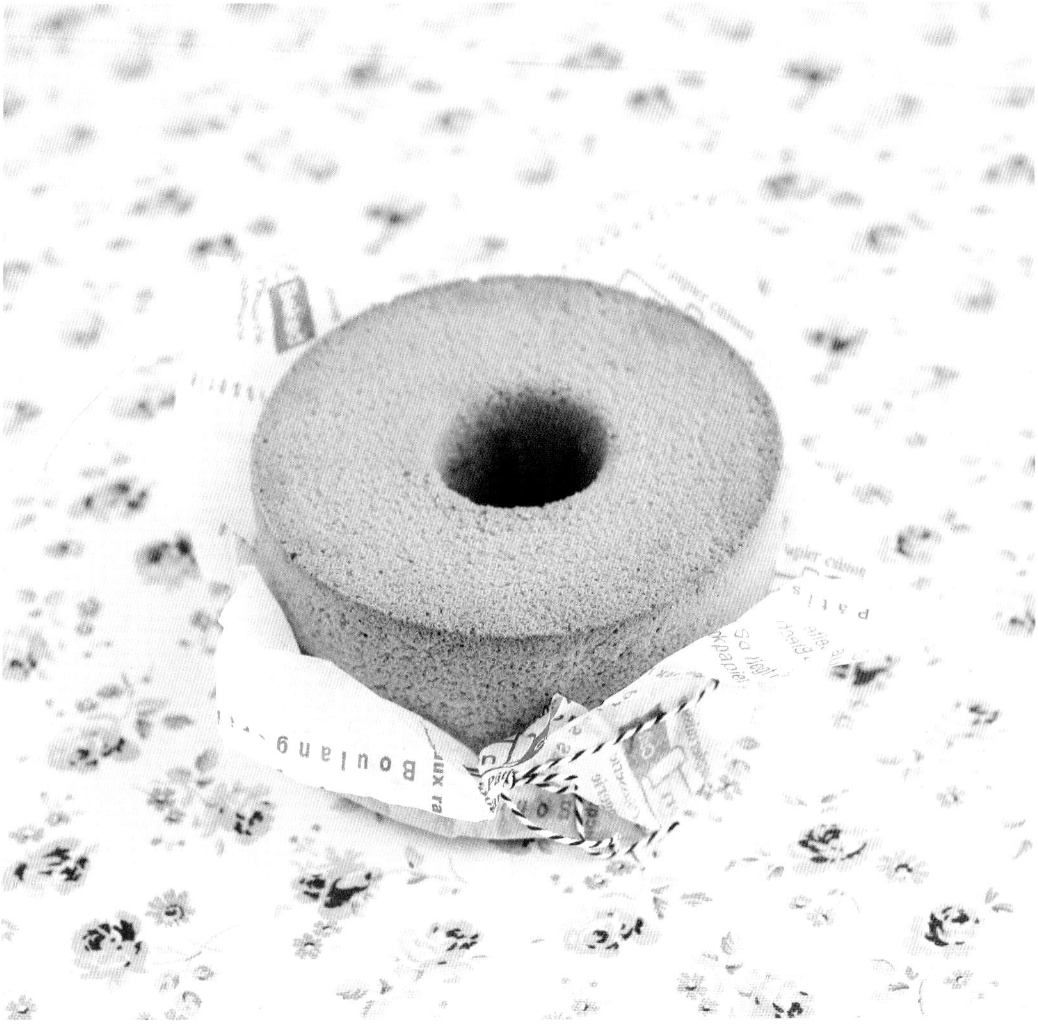

原味戚风蛋糕

戚风蛋糕口感如丝绸般柔滑，一般的戚风蛋糕放入鸡蛋、糖、面粉、油制成，但若少放入面粉多加水，就能制作出更湿软口感的戚风蛋糕。

Ready（制作直径 17cm 的戚风蛋糕 1 个）

低筋粉 75g，糖 65g，蛋黄 45g，蛋清 130g，葡萄籽油（或食用油）25ml，
水 40ml，香草油（或香草豆）少许

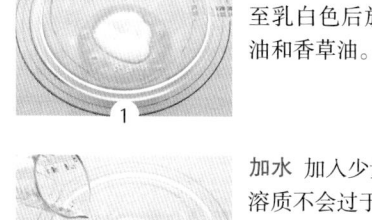

制作液体用料 在碗中放入蛋黄和 35g 糖，搅拌至乳白色后放入葡萄籽油和香草油。

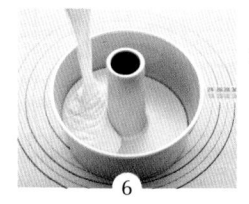

注入模具 将面糊注入 20cm 高的戚风蛋糕模具中。

加水 加入少量水搅拌至溶质不会过于分离。

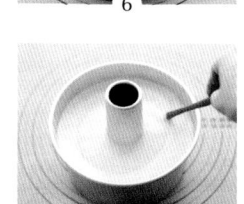

烤制 用勺子搅一下排出空气，烤箱预热 170℃，放入烤箱烤制 25~30 分钟。

加入低筋粉 加入过筛的低筋粉搅拌至看不见面粉颗粒为止，放入蛋黄和面。

冷却 将烤完的模具倒置，完全冷却。Tip 2

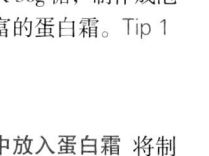

制作蛋白霜 在另一只碗中放入蛋清，打出泡沫后放入 30g 糖，制作成泡沫丰富的蛋白霜。Tip 1

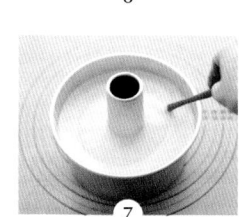

分离 将完全冷却的戚风蛋糕小心地从模具中取出。

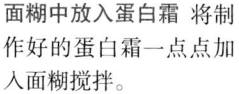

面糊中放入蛋白霜 将制作好的蛋白霜一点点加入面糊搅拌。

Tip 1 开始时用打蛋器搅拌，加入蛋白霜之后为了不破坏泡沫，使用铲子搅拌。
　　　泡沫被破坏的话，制作出来的蛋糕就不那么蓬松了。
Tip 2 从烤箱中取出后应该立即倒置冷却，这样可以避免蛋糕破损。

Cake

170℃

25~30 分钟

蜂蜜柠檬戚风蛋糕

富含维生素 C 的柠檬非常适合制作芝士蛋糕、磅蛋糕、戚风蛋糕和各种面包，可谓烘焙百搭水果。放入柠檬甜酒和柠檬汁可以使这款戚风蛋糕避免油腻，而带来清爽的口感，因此人见人爱。用橙子代替柠檬也是不错的选择。

低筋粉 75g，糖 40g，蛋黄 45g，蛋清 130g，蜂蜜 30g，葡萄籽油（或食用油）25ml，水 25ml，柠檬 1 个（柠檬皮 4g，柠檬汁 15g）

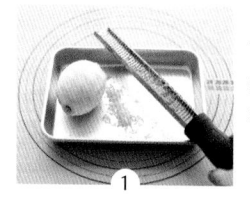

准备柠檬皮和柠檬汁 取下柠檬黄色的外皮切碎，剩下的果肉榨出柠檬汁待用。Tip 1

制作液体用料 在碗中放入蛋黄、20g 糖和蜂蜜，搅拌至乳白色后放入葡萄籽油。

加水、柠檬皮和柠檬汁 加入少量水搅拌至溶质不会过于分离，再混入柠檬皮和柠檬汁。

加入低筋粉 加入过筛的低筋粉搅拌至看不见面粉颗粒为止，放入蛋黄和面。

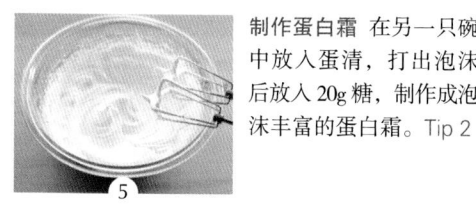

制作蛋白霜 在另一只碗中放入蛋清，打出泡沫后放入 20g 糖，制作成泡沫丰富的蛋白霜。Tip 2

面糊中放入蛋白霜 将制作好的蛋白霜一点点加入面糊搅拌。

烤制 将面糊注入 20cm 高的戚风蛋糕模具中。用勺子搅一下排出空气，烤箱预热 170℃，放入烤箱烤制 25~30 分钟。

冷却，分离 将烤完的模具倒置，将完全冷却的戚风蛋糕小心地从模具中取出。Tip 3

Tip 1 柠檬可以使用粗盐揉搓，放入热水浸泡，再用冷水清洗，这样可以去除表面的杂质。

Tip 2 开始时用打蛋器搅拌，加入蛋白霜之后为了不破坏泡沫，使用铲子搅拌。泡沫被破坏的话，制作出来的蛋糕就不那么蓬松了。

Tip 3 从烤箱中取出后应该立即倒置冷却，这样可以避免蛋糕破损。

Cake

170℃

25~30 分钟

红茶戚风蛋糕

放入奶茶制成的这款红茶戚风蛋糕，根据茶叶的香气不同，散发出不同的香气。一般来说使用的是伯爵红茶，当然也可以根据个人喜好添加。

Ready（制作直径 17cm 的戚风蛋糕 1 个）
低筋粉 75g，糖 40g，伯爵红茶茶包 1 个（2g），蛋黄 45g，蛋清 130g，葡萄籽油（或食用油）25ml
奶茶 牛奶 100ml，伯爵红茶茶包 4 个（8g）

制作奶茶 将制作奶茶的原料放入锅中稍微煮一下，盖上锅盖焖 5 分钟，冷却待用。

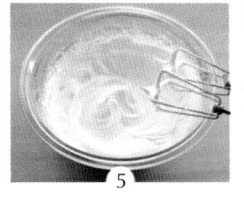

制作蛋白霜 在另一只碗中放入蛋清，打出泡沫后放入 20g 糖，制作成泡沫丰富的蛋白霜。Tip 1

制作液体用料 在碗中放入蛋黄、35g 糖或蜂蜜，搅拌至乳白色后放入葡萄籽油。

面糊中放入蛋白霜 将制作好的蛋白霜一点点加入面糊搅拌。

加奶茶 加入少量水搅拌至溶质不会过于分离，再倒入 50ml 奶茶。

烤制 将面糊注入 20cm 高的戚风蛋糕模具中。用勺子搅一下排出空气，烤箱预热 170℃，放入烤箱烤制 25~30 分钟。

加入粉状用料 加入过筛的低筋粉和茶粉，搅拌至看不见面粉颗粒为止，放入蛋黄和面。

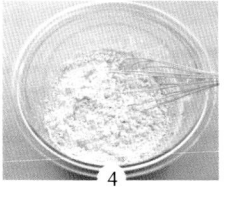

冷却，分离 将烤完的模具倒置，将完全冷却的戚风蛋糕小心地从模具中取出。Tip 2

Tip 1 开始时用打蛋器搅拌，加入蛋白霜之后为了不破坏泡沫，使用铲子搅拌。泡沫被破坏的话，制作出来的蛋糕就不那么蓬松了。

Tip 2 从烤箱中取出后应该立即倒置冷却，这样可以避免蛋糕破损。

Cake

180℃ 10~15 分钟

手指饼干

手指饼干形如女子的纤纤玉手，口感绵绵软软，是一种迷你蛋糕。只要有一只碗就能制作，是可以经常制作的面点。制成的手指饼干也可以粉碎后作为底料，用来制作提拉米苏和水果布丁。

Ready（制作 8~9cm 长的 20~22 个）

低筋粉 60g，白糖 55g，鸡蛋 100g，糖粉少许

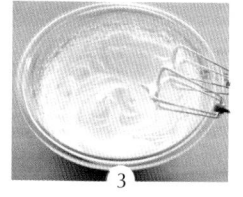

分离蛋黄、蛋清 将鸡蛋的蛋黄和蛋清分离，待用。

蛋清和白糖搅拌 将蛋清放入碗中打出少量泡沫，放入白糖搅拌。

制作蛋白霜 将以上的蛋清和白糖打成泡沫丰富，有一定力度的蛋白霜。

加入蛋黄 在蛋白霜加入蛋黄，重复 3、4 次形成大理石纹路。

加入低筋粉 加入过筛的低筋粉和面，直至看不到面粉颗粒为止。Tip 1

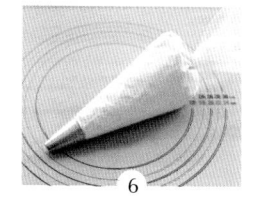

注入裱花袋 将面糊注入裱花袋，裱花袋上安装直径 1cm 的喷嘴。

烤制 烤盘上铺好锡箔纸，将面糊挤出 7~8cm 的长条，上面撒糖粉。烤箱 180℃预热后，放入烤制 10~15 分钟。Tip 2

Tip 1 放入低筋粉搅拌太久会使面糊过稠，这样放入裱花袋后不便挤出。所以和面时只要和到看不见面粉颗粒为止，动作要轻柔。

Tip 2 在面团的表面撒上糖粉是为了在烤制过程中防止水分流失。

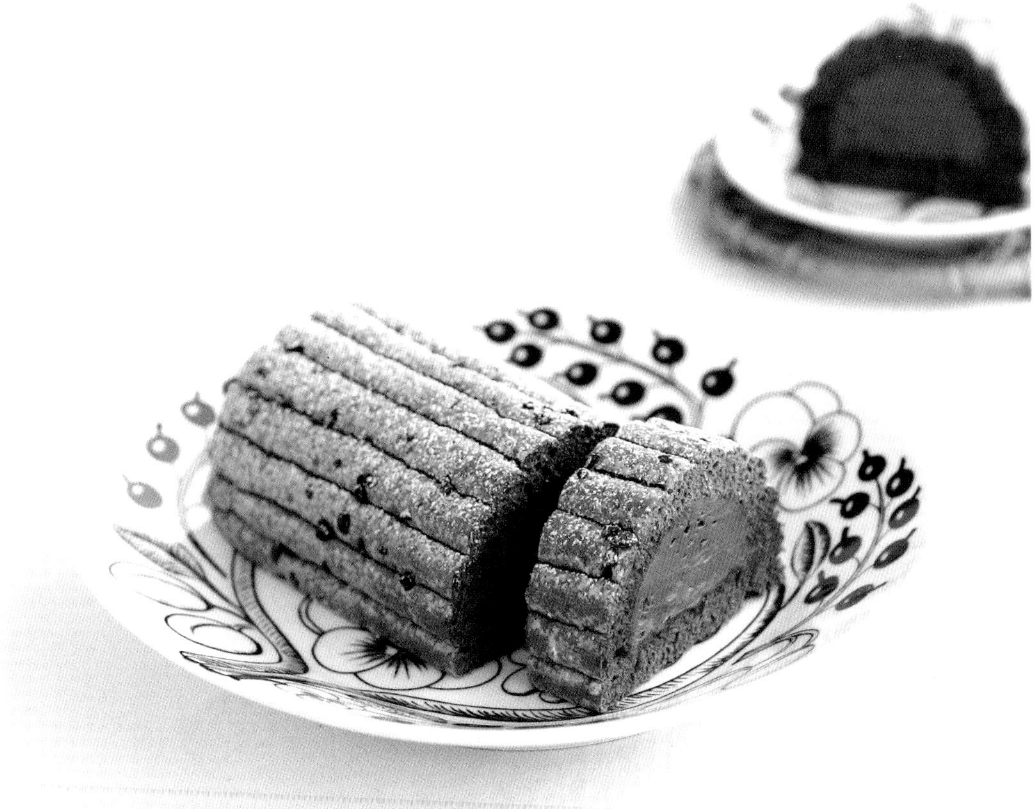

巧克力慕斯蛋糕

当你想表达感恩之情或者送给极为看重的人，那么就制作一款巧克力慕斯蛋糕吧！
制作工艺虽然繁琐，在湿软的表皮之下注满了巧克力酱，入口即能带来满满的感动。

Ready（制作 21cm 长的半圆长条型 1 个）

低筋粉 78g，白糖 80g，无糖可可粉 12g，鸡蛋 150g，糖粉少许，可可豆少许

巧克力酱 奶油 200ml，黑巧克力 100g

其他用料 在表皮上面涂抹的覆盆子果酱适量

制作巧克力酱 将制作巧克力酱的原料黑巧克力隔水加热，溶化后放入加热的奶油搅拌，冷却后盖上盖子放入冰箱冷藏。Tip

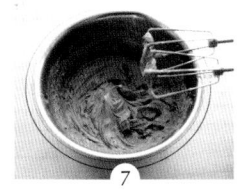

制作蛋白霜 将鸡蛋的蛋黄和蛋清分离，取蛋清加白糖打出泡沫，制成蛋白霜。

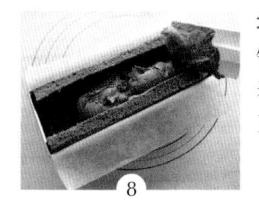

加入蛋黄 在蛋白霜加入蛋黄，重复 3，4 次形成大理石纹路。

加入低筋粉 加入过筛的低筋粉和面，直至看不到面粉颗粒为止。

制作表皮 面糊注入裱花袋，挤出直径 1cm 的长条，烤盘上铺好锡箔纸，撒上糖分、可可豆。

切制表皮 烤箱以 180~190℃预热，烤 10~12 分钟，取出冷却。再按照模具大小切制表皮。

制作巧克力慕斯 将冷藏的巧克力酱打成细腻的巧克力慕斯。

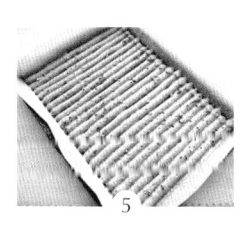

填充巧克力慕斯 模具中铺好硫酸纸，将切好的表面放入模具，注入巧克力慕斯。

覆盖表皮，冷藏 切好的表皮涂抹上厚厚一层覆盆子果酱，覆盖在巧克力慕斯上，压制冷藏。

Tip 巧克力酱越凉，就能制作出来内陷越好的巧克力慕斯，所以最好将巧克力酱在前一天放入冰箱冷藏。如果不能提前一天准备，也最好是在上午准备，下午制作。如果有巧克力利乔酒（Chocolate Liqueur）可以加入 2ts 丰富口感。

180℃→160℃　15→25 分钟

Cake

柠檬蛋糕

使用咕咕霍夫（Gugelhopf）模具，将面团烤制成帽子形状的蛋糕，咕咕霍夫蛋糕的
样子可人，可以添加霜饰或用糖粉装饰，是赠送亲友的最佳礼物。

Ready（制作直径 15cm 大小的 1 个）

低筋粉 120g，白糖 90g，泡打粉 1ts，盐少许，香草粉少许，黄油 80g，
鸡蛋 100g，奶油 30ml，柠檬 1 个（柠檬皮 4g，柠檬汁 15ml）

柠檬霜饰 糖分 30g，柠檬汁 5ml

其他用料 在模具内涂抹的黄油和低筋粉少许

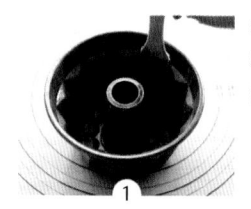

模具内涂抹黄油 在咕咕霍夫模具内壁上涂上黄油，冷藏。

1

放入粉状用料 以上用料搅拌均匀后，将低筋粉、泡打粉过筛后，放入碗中搅拌。

6

准备柠檬皮和柠檬汁 取下柠檬黄色的外皮切碎，剩下的果肉榨出柠檬汁待用。Tip

2

模具撒上低筋粉 将冷藏的咕咕霍夫模具取出，内部撒上低筋粉，再倒置扣掉，如此反复几次。

7

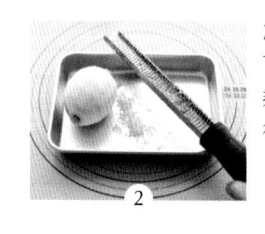

软化黄油 在另一只碗中放入变软的黄油，加入糖、盐进行搅拌。

3

烤制 面团填入咕咕霍夫模具，烤箱预热 180℃，烤制 15 分钟，再用 160℃烤 25 分钟。

8

加入鸡蛋 待黄油颜色呈乳白色时，分多次加入少量鸡蛋搅拌。

4

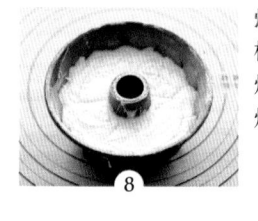

喷洒柠檬霜饰 烤好的蛋糕完全冷却后，从模具中取出。将柠檬霜饰的原料均匀搅拌后，洒在蛋糕上。

9

放入用料 待黄油和鸡蛋溶合后，放入柠檬汁、柠檬皮和香草粉，加入奶油搅拌。

5

Tip 柠檬先用粗盐摩擦清晰，然后过热水后，再用冷水清洗，这样可以去除表皮的杂质。

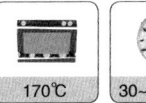

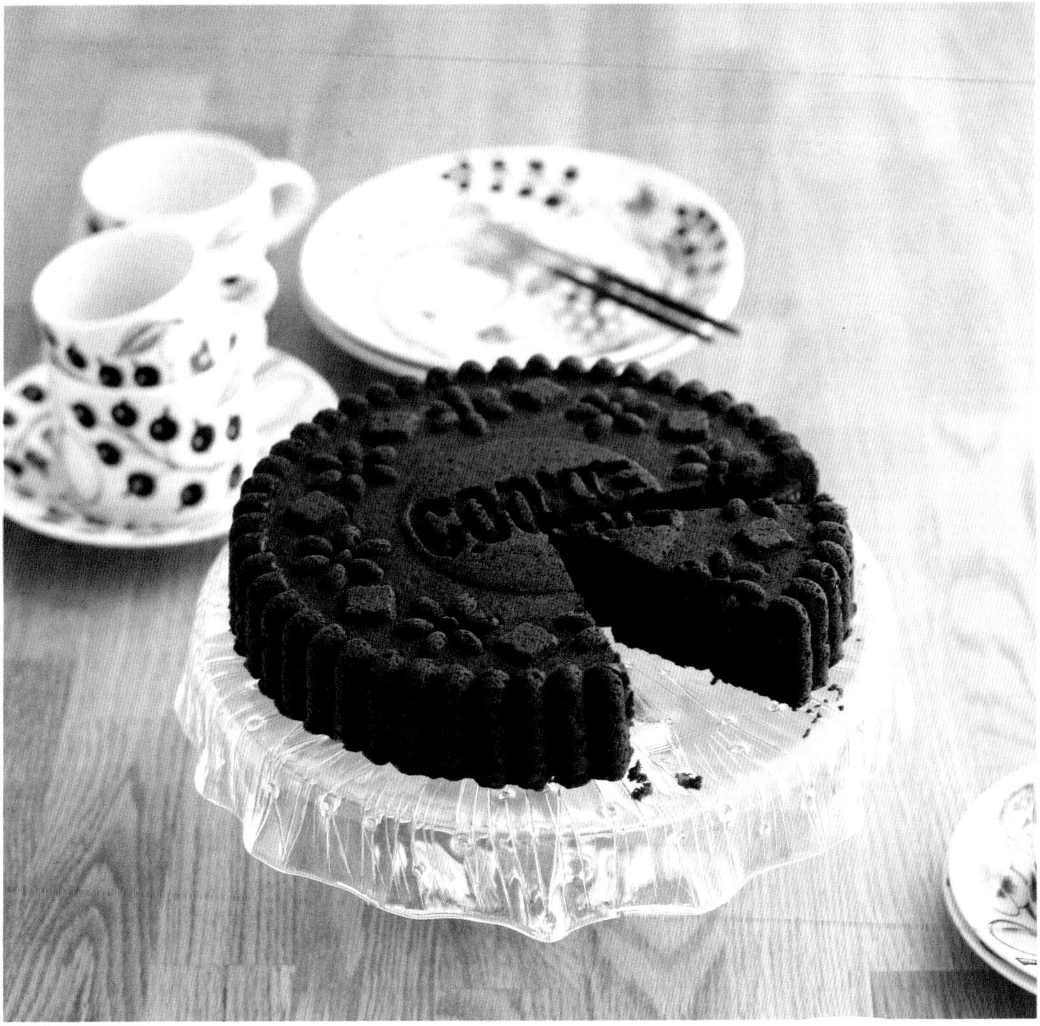

栗子布朗尼

阳光温暖的午后，闲暇的下午茶时光怎能少了布朗尼蛋糕？使用栗子酱代替黄油，使得香甜口感达到最高潮，此款蛋糕适宜与牛奶和咖啡一起食用。

Ready（制作直径 21cm 圆形的 1 个）

低筋粉 130g，黄糖 80g，无糖可可粉 15g，苏打粉 2g，盐 1g，黄油 120g，
鸡蛋 150g，黑巧克力 150g，栗子酱 150g，栗子碎 150g

其他用料 在模具内涂抹的黄油和低筋粉少许

模具内涂抹黄油 在圆形模具内壁上涂上黄油，冷藏。Tip 1

制作巧克力黄油 黑巧克力隔水加热后加入软化的黄油，在碗中搅拌混合成巧克力黄油。

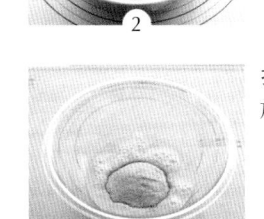

打制鸡蛋 在另一只碗里放入鸡蛋和黄糖，搅拌。

加入栗子酱 鸡蛋变成乳白色时，放入栗子酱搅拌。

加入巧克力黄油 栗子酱均匀搅拌后，倒入制作好的巧克力黄油，搅拌。

加入粉状用料 低筋粉、苏打粉、可可粉和盐过筛后，加入搅拌。

加入栗子碎 搅拌至看不见面粉颗粒为止，加入栗子碎。Tip 2

模具内撒上低筋粉 将冷藏的圆形模具取出，内部撒上低筋粉，再倒置扣掉，如此反复几次。

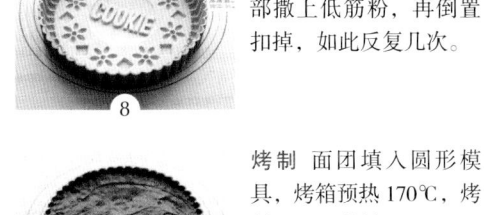

烤制 面团填入圆形模具，烤箱预热 170℃，烤制 30~35 分钟。

Tip 1 使用普通的圆形模具，提前铺好锡箔纸。
Tip 2 没有栗子碎，使用炒栗子或自制也是可以的，这样也能降低栗子的甜度。

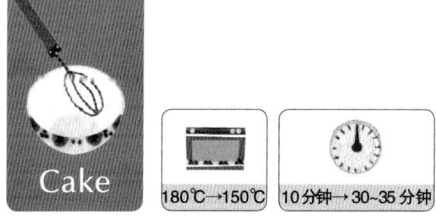

Cake

180℃→150℃ 10分钟→30~35分钟

蜂蜜卡斯特拉

在卡斯特拉的制作中加入蜂蜜，制成香甜的蜂蜜味卡斯特拉，这种味道最能勾起你儿时的回忆。放入了蜂蜜和糖稀使得味道香甜，还保留下层层湿润的口感，是一款别具风味的蛋糕。

Ready（制作 12×8cm 大小的 13 个）

高筋粉 270g，白糖 280g，鸡蛋 450g，蛋黄 75g，牛奶 80ml，
蜂蜜 50g，糖稀 50g，料酒 30ml

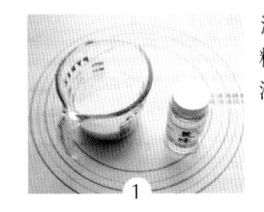

混合液体用料 将牛奶、糖稀、蜂蜜加热后与料酒混合。Tip 1

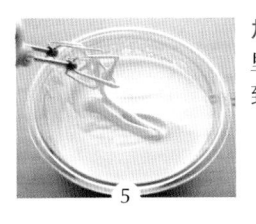

加入液体用料 将第一步里混合的液体用料加入到泡沫中，搅拌。

准备模具 烤盘上铺好报纸和特氟龙底板（teflon），摆好铺了硫酸纸的卡斯特拉模具。Tip 2

加入高筋粉 高筋粉过筛后加入，和面。

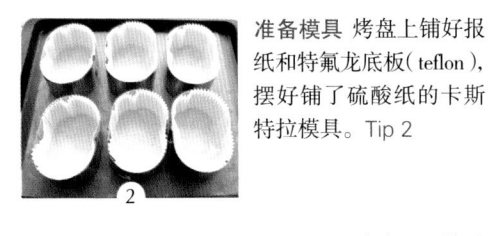

打制鸡蛋 将鸡蛋和糖放入碗中搅拌。

烤制 将和好的面团填入模具，烤箱预热 180℃，烤 10 分钟，降至 150℃，烤 30~35 分钟。Tip 3

鸡蛋打泡 鸡蛋呈现出乳白色时，隔水加热，使糖完全溶化。随着鸡蛋逐渐变温，打出丰富的泡沫。

冷却 铝箔纸上涂抹葡萄籽油，覆盖在烤好的蛋糕上，放置于冷却架上冷却。Tip 4

Tip 1 料酒可以去除鸡蛋的腥味，糖稀则添加甜味，可以使用糖浆等代替。

Tip 2 卡斯特拉的面团量较大，需要更久的烤制时间，才能使底面烤熟。注意报纸和特氟龙不要折叠使用。

Tip 3 没有卡斯特拉模具的话，可以用其他方形或圆形模具代替，但是这样可能需要更多的烤制时间。

Tip 4 冷却后应使用保鲜膜或者容器保存。

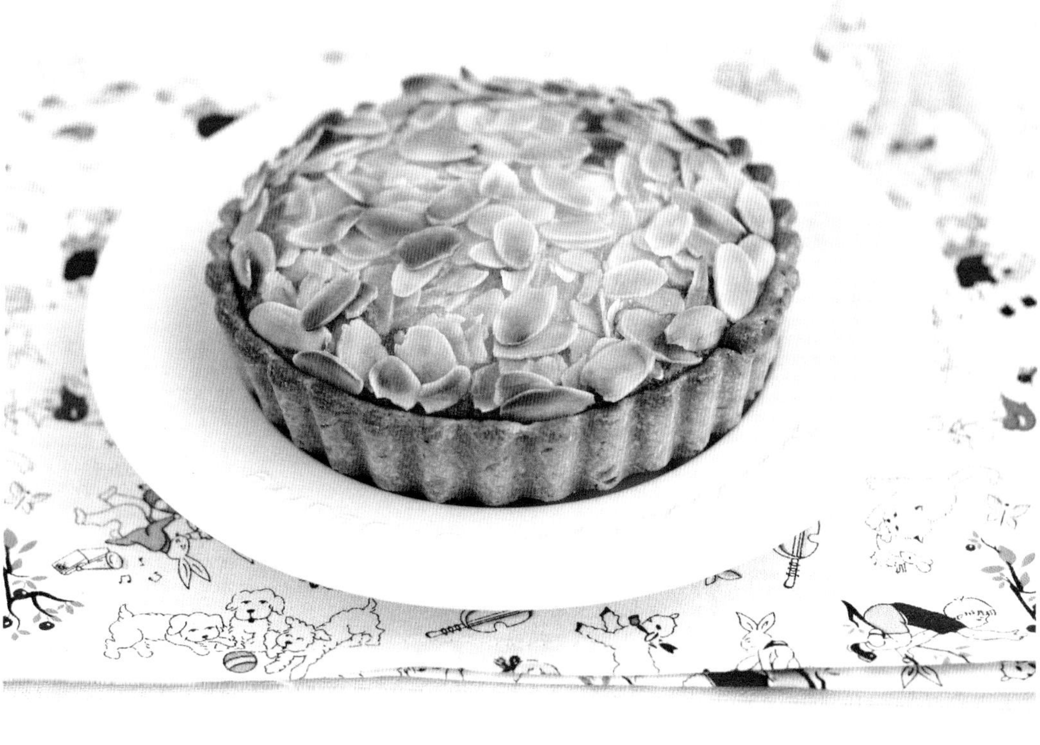

杏仁派

杏仁派不仅表皮上有杏仁切片，而且在和面中加入了杏仁酱，一口咬下能品尝到满满的杏仁香味。制作的过程较为复杂，派和面时要注意留出足够的分量，一旦掌握就可以制作各种不同的派了。

低筋粉 110g，杏仁粉 15g，糖粉 20g，盐 2g，黄油 60g，鸡蛋 25g，香草糖精少许

焦糖杏仁 杏仁 70g，糖 20g，黄油 4g，水 15ml

杏仁糊 杏仁粉 75g，糖 70g，玉米淀粉 10g，黄油 75g，鸡蛋 75g，朗姆酒 7ml

其他用料 在面饼上涂抹的蛋液少许，表面撒的杏仁切片适量，和面时面板上撒的面粉少许

混合粉状用料、黄油 将过筛后的低筋粉、杏仁粉、糖粉、盐、香草糖精放入碗中，加入冷的黄油，使用刮板刀切法搅拌。

1

搅拌 为了使黄油与粉状用料混合均匀，可以用手进行搅拌。

2

放入鸡蛋 当面变成不软不硬的状态时，打入鸡蛋，继续用刮板刀切法和面。

3

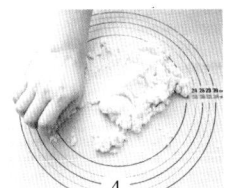

手压 看上去面团要截结团时，用手压碎，反复两三次后再揉团。Tip 1

4

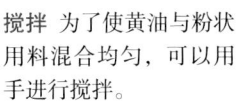

醒面 和好的面团放入保鲜膜，放于冰箱冷藏醒面 1 小时。

5

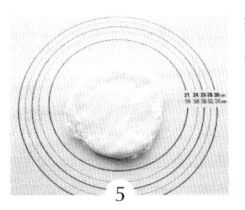

擀制 醒好的面团擀成厚度为 2~3mm 的面饼。Tip 2

6

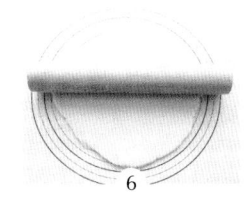

整理外观 将面饼填入模具，仔细地整理掉溢出模具的部分。Tip 3

7

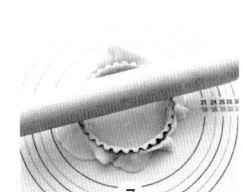

使面饼紧贴于模具 再次整理一下模具内部，使面饼紧紧地贴在模具上。Tip 4

8

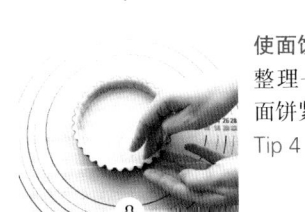

9 ~ 23 ▶▶

Tip 1 注意不要过多地重复此过程，那样会形成面筋，使得口感过硬。
Tip 2 擀制的时候向四面用力，力度应一致。
Tip 3 剩下的面不要扔掉，可以填入曲奇模具，制成曲奇或饼干。
Tip 4 若使用直径 12cm 的迷你模具，按照配料分量可以制作两个派。

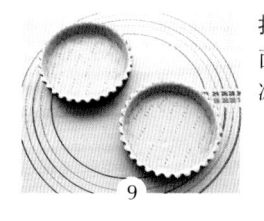

扎孔，冷藏 使用叉子在面饼上扎出气孔，放入冰箱冷藏 10 分钟。

9

煮杏仁 将制作焦糖杏仁的材料糖、水放入锅中，大火煮开后，放入杏仁，改为中火煮制。

13

按压，烤制 冷藏后的派上铺好硫酸纸，放入压石。烤箱预热 170℃，放入烤制 15~20 分钟。Tip 5

10

酥化（sablé） 等杏仁表面酥化发白是，放入糖，不断搅拌直至变为焦糖色。

14

刷蛋液烤制 取出硫酸纸和压石，烤 5~10 分钟周，在派上涂抹薄薄的一层蛋液。Tip 6

11

制作焦糖杏仁 放入黄油，使之完全溶合，制成焦糖杏仁。

15

再次烤制，冷却 刷好蛋液的派放入烤箱，再烤 3~5 分钟，取出冷却。Tip 7

12

制成杏仁碎 在锡箔纸上冷却后，将杏仁敲成小碎块。

16

Tip 5 制作直径 13cm 以下的派，可以不放压石，15cm 以上的则需要压石，压石的作用是防止中间面饼膨胀开裂。

Tip 6 涂抹蛋液可以使派面饼不至于湿乎乎的。

Tip 7 这样烤好的派口感松脆，如果感觉单独烤制派皮步骤麻烦，则可以省略步骤 10~12，直接加入馅料一起烤制。

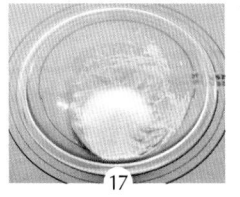

软化黄油 将杏仁糊的原料放入碗中，加入变软的黄油、白糖，搅拌均匀。

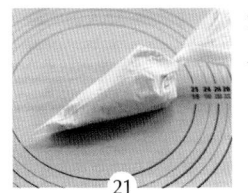

注入裱花袋 将杏仁糊注入裱花袋。

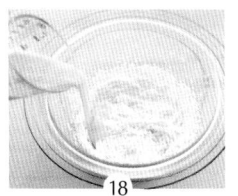

加入鸡蛋 带到黄油呈乳白色时，加入鸡蛋搅拌。

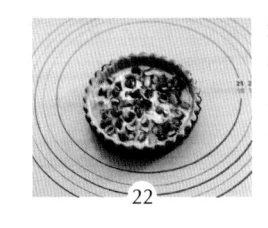

注入派皮 将杏仁糊注入冷却了的派皮中，先加入薄薄的一层，然后撒上杏仁碎。

加入朗姆酒 等到黄油和鸡蛋完全溶合后，加入朗姆酒搅拌。Tip 8

烤制 将剩余的杏仁糊注满派皮，上面撒上杏仁切片。烤箱预热170℃，烤制30分钟。

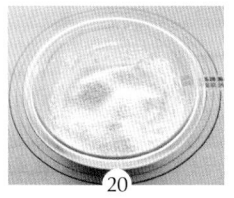

制作杏仁糊 等到朗姆酒完全溶合，将杏仁糊的原料杏仁粉、玉米淀粉过筛放入搅拌，制成杏仁糊。Tip 9

Tip 8 没有朗姆酒的话也可以使用利乔酒代替。
Tip 9 可以使用低筋粉代替玉米淀粉。

Tarte
170℃

35~40 分钟

甜南瓜派

南瓜因为它的甜味和饱腹感，深得男女老少喜欢，先提前作好派底座，再使用一个南瓜就能作出南瓜派了。现在就来挑战一下吧！

Ready（制作直径 21cm 大小的派 1 个）

派皮 1 个，杏仁粉 50g，糖 40g，玉米淀粉 5g，黄油 50g，鸡蛋 50g，
蜂蜜 15g，朗姆酒 5ml，南瓜酱 100g，南瓜 1/4 个（100g）

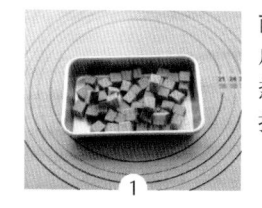

南瓜切块 南瓜去皮，切成小块，放入微波炉加热 30 秒，后加入蜂蜜搅拌。

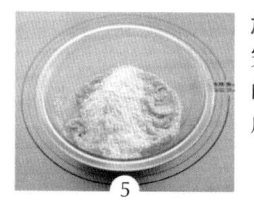

放入粉状用料 等南瓜酱完全溶合后，放入过筛的杏仁粉、玉米淀粉，制成南瓜糊。

软化黄油 变软的黄油放入碗中，加入白糖搅拌。

注入裱花袋 将南瓜糊放入裱花袋。

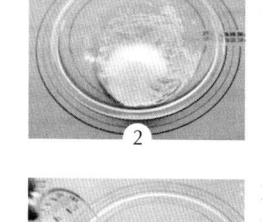

放入鸡蛋、朗姆酒 当黄油呈乳白色时，少量多次放入鸡蛋，最后倒入朗姆酒均匀搅拌。

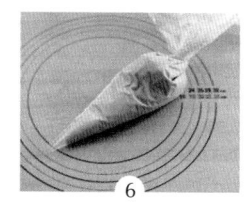

烤制 将适量的南瓜糊注入派皮中，放上切好的南瓜块。烤箱以 170℃ 预热，烤制 35~40 分钟。Tip 2

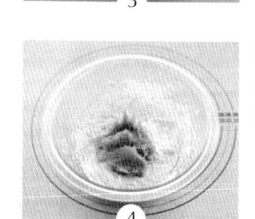

加入南瓜酱 等鸡蛋和朗姆酒均匀混合后，加入南瓜酱继续搅拌。Tip 1

Tip 1 可以自制南瓜酱，将蒸好的南瓜取出黄色的瓤来制成南瓜酱，注意要使用比成品甜南瓜酱分量更多的南瓜作为原料。

Tip 2 请参考 190 页杏仁派的步骤 1~12，制作派的外壳。如果使用的是直径 12cm 的迷你派模具，就可以制作出两个派了。

Tarte

170℃

30~40 分钟

无花果派

无花果直接使用就很可口啦，若在朗姆酒中泡制后，可以用于面点的表面装饰，能增添光泽和香味。泡制的无花果可以作为表面装饰，也可以搭配面包食用。

Ready（制作直径 21cm 大小的派 1 个）

派皮 1 个，杏仁粉 60g，糖 60g，玉米淀粉 6g，黄油 60g，鸡蛋 60g，
朗姆酒 5ml，朗姆酒泡制的无花果 100~150g

切泡制的无花果 泡制好的无花果滤去水分，切成能看见果肉的两半。Tip 1

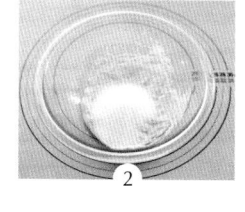

放入粉状用料 等到朗姆酒完全溶合后，放入过筛的杏仁粉、玉米淀粉，制成杏仁糊。

软化黄油 变软的黄油放入碗中，加入白糖搅拌。

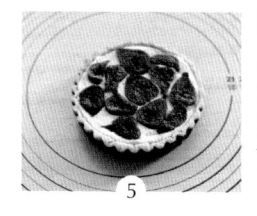

烤制 将适量的杏仁糊倒入派皮中，放上切好的无花果。烤箱以 170℃ 预热，烤制 30~40 分钟。Tip 2

放入鸡蛋、朗姆酒 当黄油呈乳白色时，少量多次放入鸡蛋，最后倒入朗姆酒均匀搅拌。

Tip 1　在干净的玻璃瓶中放入半干的无花果 300g，倒入朗姆酒没过无花果，泡制 1 周以上即可。这类泡制的干果可以存放 1 年，所以比起刚刚泡制的无花果，使用提前几天或几周泡制好的，口味会更好。

Tip 2　请参考 190 页杏仁派的步骤 1~12，制作派的外壳。如果使用的是直径 12cm 的迷你派模具，就可以制作出两个派了。将明胶液（Nappage）或杏桃酱与等量的水混合煮开，涂抹在烤制好的派上，这样可以增添光泽而且便于存放。

Tarte

180℃　　20~30 分钟

苹果派

苹果酸甜可口，很适合制作派，只要做好派再使用苹果，就能很轻松地制成。此款派的用料大多是熟的，所以不需要太多的烤制时间。

Ready（制作直径 21cm 的派 1 个）

派皮 1 个，黄糖 40g，葡萄干 30g，肉桂粉 1/2ts，柠檬汁少许，苹果 3 个（400g）

其他用料 切片用的苹果 2 个（250g），糖少许

制作苹果馅料 制作苹果馅料，苹果切成小块后和柠檬汁一起放入锅中，等到苹果煮透时，可以放入肉桂粉和葡萄干。制成后冷却待用。

注入馅料 把制成的苹果馅料注满派皮。Tip 1

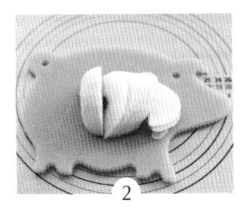

切苹果 苹果去掉果皮、果核，切成较薄的薄片。

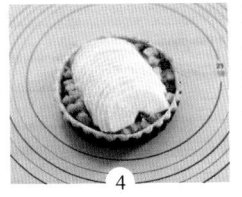

烤制 在馅料上平铺苹果切片，撒上白糖，烤箱预热 180℃后，放入烤制 20~30 分钟。Tip 2

Tip 1 请参考 190 页的步骤 1~12，制作派的外壳。如果使用的是直径 12cm 的迷你派模具，就可以制作出两个派了。

Tip 2 将明胶液或杏桃酱与等量的水混合煮开，涂抹在烤制好的派上，这样可以增添光泽而且便于存放。

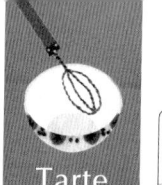

170℃　　30~35 分钟

Tarte

焦糖奶油芝士派

这是一款使用浓郁甜味的焦糖酱制作出的芝士派。学会焦糖酱的制作，可以灵活地使用于芝士派、磅蛋糕和马芬蛋糕的制作。当烘焙中剩下奶油的时候，就可以考虑制成焦糖酱，留到以后使用。

派皮 1 个，玉米淀粉 15g，鸡蛋 50g，奶油干酪 200g，奶油干酪 200g，
酸奶油 80g，糖 30g，奶油 30ml
焦糖酱 糖 150g，奶油 150ml，水 15ml，香草豆（种子的部分）1/2 个

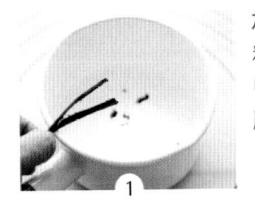

加热奶油 将焦糖酱的原料奶油和香草豆放入锅中，中火加热到将要沸腾的状态即可。

加入酸奶油 等到干酪和糖完全溶合后，加入酸奶油搅拌。Tip 2

熬制焦糖 在另一个锅中放入汤和水，煮至白糖融化，呈明亮的褐色为止。

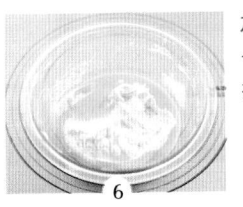

加入鸡蛋 等到酸奶油溶合后，加入鸡蛋均匀搅拌。

制作焦糖 将做好的 1 倒入 2 中，搅拌至完全溶合，制成的焦糖酱冷却待用。Tip 1

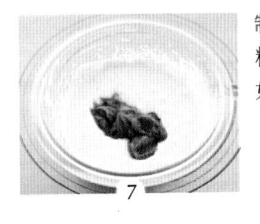

制作面团 放入冷却的焦糖、过筛的玉米淀粉、奶油，搅拌后揉成面团。

软化干酪 将变软的干酪放入碗中，加入糖均匀搅拌。

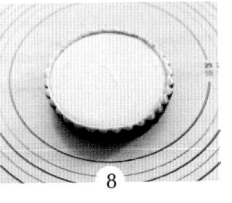

烤制 面团填入派外壳，烤箱预热 170℃，烤制 30~35 分钟。Tip 3

Tip 1 焦糖一次制作的量较多，可以放入玻璃罐，置于冰箱冷藏，留到以后使用。
Tip 2 如果没有酸奶油，可以使用原味酸奶，注意要用咖啡滤纸过掉水分之后使用。
Tip 3 请参考 190 页的步骤 1~12，制作派的外壳。如果使用的是直径 12cm 的迷你派模具，就可以制作出两个派了。

 这一部分包括一口吃下的巧克力和羊羹，容易制作的法布奇诺，消暑良品冰冻果子露和拿铁，还有辛劳一次就能吃很久的果酱……这里将为大家介绍各种甜品的制作。制作调温巧克力（Couverture Chocolate）把握温度是关键，掌握了调温的秘诀，就能制作出各种不同的巧克力了。法布奇诺在外购买，价格不菲，但是了解了用料配方，自己在家也能轻松完成。制作一种水果材料的果酱毫无新意，这里将为你介绍使用南瓜和橙子，柠檬和杏的组合，为你创造个性十足的美味果酱。各种美味的甜品在向你招手，现在就开始吧！

Part 5

🧁

平常的幸福
餐后甜点

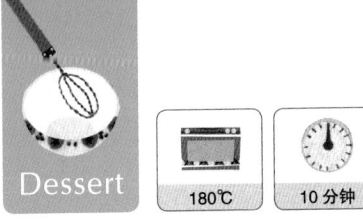

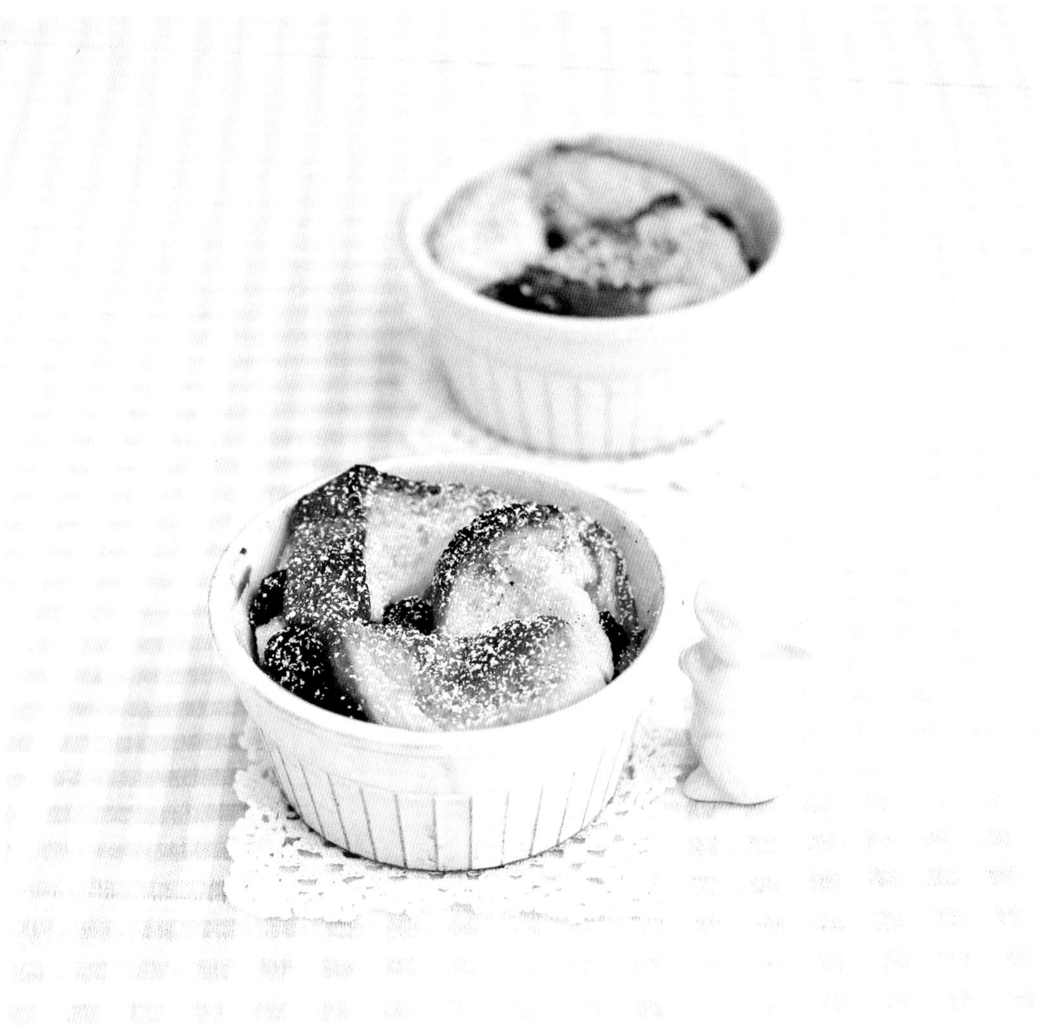

面包布丁

一般的主食面包吃多了不免味同嚼蜡，那就制作面包布丁吧。面包布丁可以冷藏食用，也可以热着吃。只需要 20 分钟就能制作出这款入门甜点，尝试一下吧！

Ready（制作直径 8cm 大小的 2 个）

面包 2 块，白糖 20g，香草粉（或者用香草糖）少许，鸡蛋 50g，
牛奶 130ml，糖粉少许，葡萄干适量

切面包 把面包切成小方块，待用。

浸泡面包块 将面包切块放入蛋液中完全浸透，然后放入烤制容器。
Tip 2

加入鸡蛋 将鸡蛋、白糖、香草粉放入碗中，搅拌。

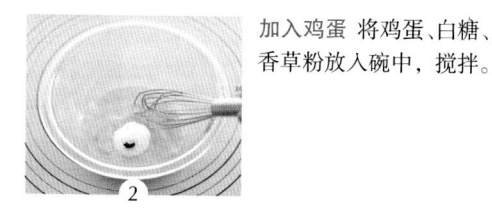

烤制 撒上葡萄干后，烤箱预热 180℃，烤制 10 分钟，撒上糖粉。

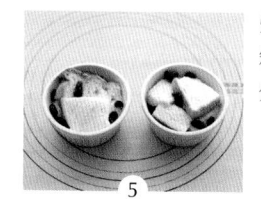

加入牛奶 上一步骤的用料搅拌均匀后，倒入牛奶，制成蛋液。Tip 1

Tip 1 蛋液中可以加入一点肉桂粉。
Tip 2 上面可以撒上葡萄干或者坚果碎。

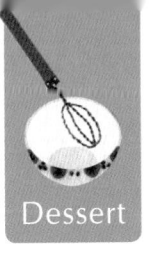
苹果吐司

切片面包吃腻了，不妨制成美味的苹果吐司。这款甜点用料简单，容易制作，但口味极佳。一款美味的苹果吐司好像把自家厨房增添了些许咖啡馆的气氛。

切片面包 2 个，白糖 15g，黄油 15g，柠檬汁 5ml，肉桂粉少许，
苹果 1 个（150g），葡萄干、葵瓜子适量

其他材料 在面包上涂抹的黄油少许

1

苹果切片 苹果切成四块后，去除种子，切成薄片待用。

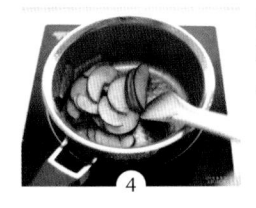
4

放入肉桂粉 苹果熟透后加入肉桂粉，完成苹果片的制作。

加料搅拌 将苹果片与白糖、黄油、柠檬汁放入锅中搅拌。
2

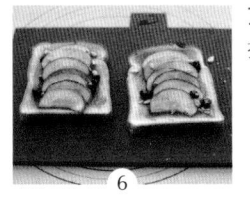
5

烤面包 切片面包上均匀涂抹黄油，放入烤面包机烤制 5~10 分钟。Tip

炒制 苹果上均匀蘸上调料后，用中火加热 10 分钟，炒熟。
3

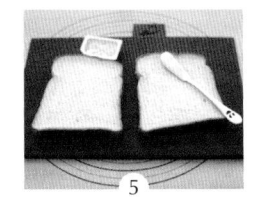
6

顶面装饰 烤好的面包上撒上葡萄干、葵瓜子。

Tip 没有烤面包机，就使用平底锅中火烤 5 分钟即可。

香蕉米糕甜

这是将香蕉的清甜与松脆的腰果杏仁结合在一起，适合搭配浓咖啡食用。

Dessert

180℃

20~25 分钟

低筋粉 40g，杏仁粉 40g，黄糖 30g，黄油 40g，香蕉 2 个（200g）

焦糖或白糖 15g，黄油 15g，水 15ml

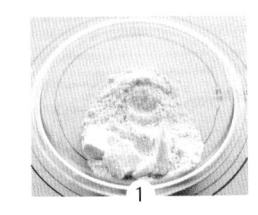

混合粉状用料，黄油 将低筋粉、杏仁粉、黄糖过筛后放入碗中，加入变软的黄油。

1

制作香蕉块 把香蕉切 1cm 厚的小段放入锅中，均匀地蘸上焦糖。

4

制作酥皮 用手将粉状料搅拌成酥状，放入冰箱冷藏。

2

香蕉冷却 香蕉块放入烤制容器中冷却。Tip

5

制作焦糖 把焦糖用料的糖、水放入锅中，中火煮沸，呈褐色时放入黄油，制成焦糖。

3

烤制 把酥皮从冰箱中取出洒在香蕉块上，烤箱预热 180℃，烤制 20~25 分钟。

6

Tip 焦糖香蕉酥的味道很好，也可以参考 130 页的苹果块制作法，结合本页的介绍制成苹果酥。

伯爵红茶巧克力砖

巧克力砖又被叫做"生巧克力"，入口即化，柔软香甜。放入伯爵红茶获得浓郁的茶香，可以作为精美的礼物送人。

黑巧克力 300g，奶油 180ml，伯爵红茶粉 12g，黄油 20g，蜂蜜 20g，无糖可可粉适量

隔水加热黑巧克力 使用温水隔水加热，使巧克力溶化。

加入黄油 红茶奶油与巧克力溶合后，放入变软的黄油，完成巧克力酱的制作。

煮奶油和红茶粉 奶油和红茶粉放入锅中，中火煮沸时，加少量盐，盖上锅盖闷 5 分钟。

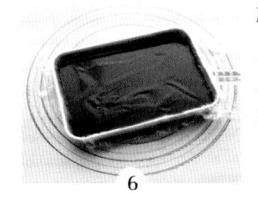

凝固 放入方形容器，覆上保鲜膜，将表面平整后放入冰箱，冷藏凝固 2 小时。

加入蜂蜜 红茶奶油煮沸后过筛，留下 130ml 加入蜂蜜，加热。

黑巧克力搅拌 加入变温的巧克力酱，搅拌。

切块 完全凝固后切成边长 2~3cm 的方块。Tip

裹上无糖可可粉 切好的巧克力块表面均匀地蘸上无糖可可粉。

Tip 从冰箱里拿出的巧克力直接切块，容易切碎，可以先在室温中放置一会儿再进行切制。

奥利奥巧克力、脆香米巧克力

巧克力的制作中添加曲奇可以增添口感和味道。奥利奥特有的松脆香甜与白巧克力
是最佳搭配。脆香米则有松脆的口感和浓郁的香味。

Ready（制作直径 4cm 大小的 25~30 个）

奥利奥巧克力 白巧克力 300g，奥利奥 40g

脆香米巧克力 黑巧克力 300g，脆香米 60g

准备奥利奥 将奥利奥的奶油部分去除，擀碎待用。

白巧克力调温 1 白巧克力放入碗中隔水加热，慢慢将温度提升至 35~40℃。Tip 1

白巧克力调温 2 温度提升后，在底部加入冷水，使温度回到 25~26℃。

白巧克力调温 3 底部再加入少量温水，缓慢搅拌，使温度提升到 28℃。

加入奥利奥 把擀碎的奥利奥放入调温后的白巧克力，制成奥利奥巧克力。

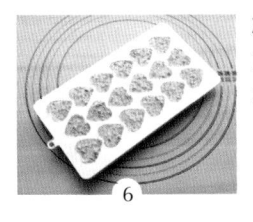

凝固 将奥利奥巧克力酱放入模具，表面抹平，放在阴凉处冷却。Tip 2

黑巧克力调温 参考"白巧克力"的制法，加入脆香米，制成脆香米巧克力原料。Tip 3

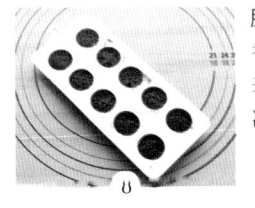

脆香米巧克力凝固 将脆香米巧克力酱放入模具，表面抹平，放在阴凉处冷却。Tip 4

Tip 1 调温时务必小心不要让水分进入，巧克力掺入水会显出白色的纹路，而且失去了光泽。搅拌应该从下至上，缓慢地进行调温。

Tip 2 调温的巧克力应该放置于阴凉的地方，若放入冰箱冷却会产生水汽，出现斑点。冬季适合在阳台进行，夏天最好打开空调，在阴凉的室内进行。

Tip 3 黑巧克力调温时先将温度提升到 45~50℃，再降至 27℃，最后提升到 31~32℃。

Tip 4 没有图示中的模具，就注入方形模具凝固，然后切块即可。

薄荷巧克力

在薄荷味巧克力酱中加入黑巧克力和糖粉，给你带来清爽的香草口味。
灵活地使用薄荷利乔酒，获得独一无二的香气。

Ready（制作 4cm 长的 50~60 个）

黑巧克力 200g，奶油 95ml，糖浆 30g，薄荷利乔酒 20ml，糖粉适量

其他用料 调温黑巧克力 150~200g

制作巧克力酱 将奶油加热到就要出现泡沫为止，黑巧克力隔水加热后与奶油混合，搅拌成巧克力酱。

黑巧克力调温 2 温度提升后，在底部加入冷水，使温度回到 27℃。

加入糖浆、薄荷利乔酒 加入糖浆和薄荷利乔酒搅拌，底部加凉水降温，搅拌至巧克力慕斯的浓度。

黑巧克力调温 3 底部再加入少量温水，缓慢搅拌，使温度提升到 30℃。

凝固 使用裱花带将巧克力酱在保鲜膜上挤成圆柱形的长条。放置于阴凉处凝固。

蘸上糖粉 将完全凝固的黑巧克力切成 4cm 长的小段，表面均匀地蘸上糖粉。

黑巧克力调温 1 黑巧克力放入碗中隔水加热，慢慢将温度提升至 45~50℃。Tip

过筛 将蘸上糖粉的巧克力放入筛子，过筛掉多余的糖粉。

Tip 巧克力不经过调温过程，很难凝固。

南瓜羹

使用南瓜酱制作的南瓜羹，可以放少量的糖，是即美味又健康的食物。制作、调色的方法都很简单，一定要尝试一下哦！

南瓜酱 200g，白糖 50g，琼脂粉 5g，盐少许，水 140ml

制作琼脂液 锅中放入水和琼脂粉，煮 5 分钟，制成琼脂液待用。

加入南瓜酱 加入南瓜酱，搅拌着煮 10 分钟。Tip 1

煮开琼脂 用铲子搅拌着中火煮 3~4 分钟。

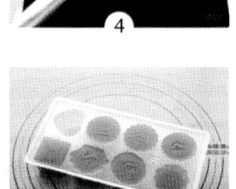

凝固 南瓜酱均匀搅拌后，注入模具，冰箱冷藏 2 小时使其凝固。Tip 2

加糖和盐 加入糖、盐，煮 5 分钟。

Tip 1 可以自制南瓜酱，将蒸好的南瓜取出黄色的果肉部分取出制成南瓜酱，注意要使用比成品甜南瓜酱分量更多的南瓜作为原料。

Tip 2 使用塑料或者硅胶的模具，南瓜羹更容易分离取下。

奶茶果冻

只需要茶就能自制奶茶，而把奶茶制成果冻更是一种乐趣。直接在茶杯中制作，冷藏保存，随时都可以用来招待客人。对于平时就很喜欢茶的人，一定要学习这款奶茶果冻的制作哦。

果冻粉 7g，白糖 25g，伯爵红茶 5g，水 200ml，牛奶 200ml

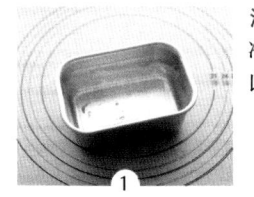

泡制果冻粉 果冻粉放入冷水，化开泡制 5 分钟以上。

制作红茶 水和伯爵红茶放入锅中，中火煮开，盖上锅盖焖 5 分钟，制成红茶。Tip 1

制作奶茶 红茶加牛奶，中火煮开，加糖搅拌均匀。Tip 2

放入泡好的果冻粉 将滤去水分的果冻粉放入温奶茶中，搅拌。

冷却 果冻粉完全溶化后，将液体过滤，冷却。

凝固 将完全冷却的奶茶倒入杯中，冷藏凝固 2 小时以上。

Tip 1 没有伯爵红茶的话，也可以使用其他口味的红茶。若使用茶包，则需要两包半的量。

Tip 2 如果不喜欢太甜的口味，可以根据自己的口味调节糖的分量。

香蕉摩卡法布奇诺、抹茶法布奇诺

香蕉摩卡法布奇诺有着香蕉浓郁的甜味，魅力十足；而抹茶法布奇诺的特点是清爽可口。之前在咖啡店里品尝的美味，如今也可以在家制作。就像作奶昔一样，只需要将全部材料放入搅拌机就行了。

Ready（各制作 2 杯）

香蕉摩卡法布奇诺 香蕉 1 个（100g），冰块 1 杯，牛奶 100ml，双份特浓意式咖啡 50ml，枫糖浆 15g

抹茶法布奇诺 抹茶粉（或用绿茶粉）3g，冰块 1 杯，牛奶 300ml，炼乳 25g

磨制 将所有原料放入搅拌机磨制。

1

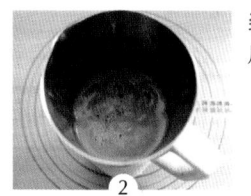

装杯 所有原料均匀磨制后，装杯饮用。

2

Tip 在炎炎夏日，可以把吃不完的香蕉果肉冷冻起来，用于制作香蕉摩卡或者香蕉奶昔。

芒果酸奶冰沙

这款饮品的制作来源于印度的经典饮料芒果 lassi，放入酸奶有助于消化，降低甜度，是夏日的健康饮品。

冷冻的芒果 200g，原味酸奶 150ml，牛奶 50ml，蜂蜜 15~20g，冰块 1 杯

磨制 将所有原料放入搅
拌机磨制。

装杯 所有原料磨制得很
细腻之后，装杯饮用。

Tip 放入冰块不容易打制的时候，可以中间停下再继续，重复几次，使搅拌器
运转得更好。也可以使用多功能食品加工器或者粉碎机。

冰拿铁

比起美式咖啡，拿铁更加细腻，是咖啡店里的人气产品。但是经常在外购买，可是一笔不小的费用。那么，现在起就在家里自制拿铁吧！低成本，容易做，让你轻松享受到咖啡的浓香。

Ready（制作 2 杯）

牛奶 100ml，加倍特浓意式咖啡 50ml，冰块 1 杯，枫糖浆（或普通糖浆）适量

放入冰块和牛奶 将冰块
和牛奶放入杯中。Tip

放入糖浆 根据个人口味
加入适量的糖浆。

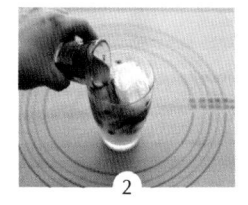

加入意式咖啡 将加倍的
意式咖啡倒入杯中搅拌。

Tip 制作冰拿铁时，先倒入牛奶，可以形成特浓咖啡的表层，更为美观。先倒
入咖啡，会使得冰块融化，与牛奶搅拌就不会出现分层了。

南瓜香橙果酱

南瓜和甜橙感觉上并非适配，但两种材料做成果酱，却能带来酸酸甜甜的惊喜。即便使用吃不完剩下的南瓜加上平淡无味的甜橙，只需要加点糖文火烹制，就能制作成南瓜甜橙果酱，配合面包食用，味道极佳。

Ready（制作 150ml 的玻璃瓶 3 瓶）

南瓜酱 350g，白糖 80g，鲜橙汁（橙味果汁）200ml，柠檬汁 15ml

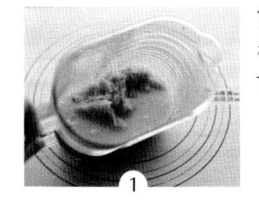

南瓜酱搅拌 将南瓜酱和橙汁放入搅拌机搅拌。Tip 1

搅拌加热 当锅中开始沸腾时,慢慢搅动 20 分钟,制成果酱。

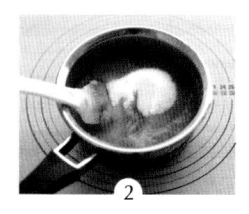

煮制 将南瓜酱,柠檬汁,橙汁,白糖放入锅中,中火煮开。

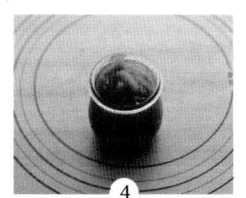

装瓶 放入开水消毒过的玻璃瓶中。Tip 2

Tip 1 可以自制南瓜酱，将蒸好的南瓜取出黄色的果肉部分取出制成南瓜酱，注意要使用比成品甜南瓜酱分量更多的南瓜作为原料。

Tip 2 保存果酱的玻璃瓶必须经过开水消毒，干燥后使用。制成热的果酱直接放入玻璃瓶，填满瓶子，并且倒置过来冷却，这样可以避免空气进入，能够保存更长的时间。

柠檬香杏果酱

初夏时节，味道和色泽俱佳的杏子就上市了，这时把新鲜的杏子买回家，制成可以一年四季享用的果酱吧。加上柠檬，就能带来更丰富的口感。

杏子 17~20 个（750g），白糖 350g，柠檬 2 个（柠檬皮 15g，柠檬汁 35g）

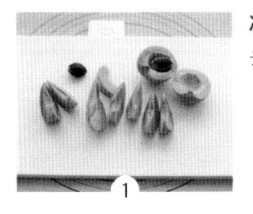

准备杏子 将杏子切半，去核，连皮切成小块儿。

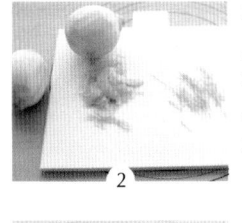

准备柠檬皮和柠檬汁 使用刮刀或者削皮机去下柠檬黄色的表皮，切碎。剩下的果肉部分榨成柠檬汁。Tip 1

放糖腌制 将切好的柠檬皮、杏子块儿、柠檬汁，放入白糖腌制。

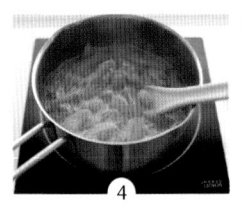

煮熟 以上材料放入锅中，中火煮熟。

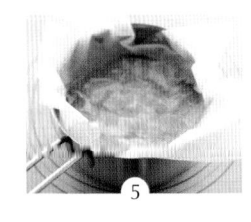

冷藏 使用铝箔纸覆盖锅内部，倒入煮好的材料，放入冰箱冷藏一夜。

分离固体和液体 将冷藏好的取出，使用筛子将固体原料和果汁分离开来。

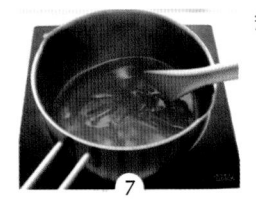

煮果汁 将果汁放入锅内，中火煮 5~10 分钟。

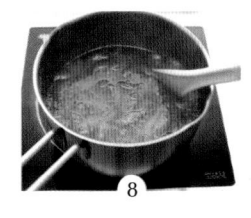

加入果料 把固体的果料再次加入，中火煮 15~20 分钟。

放入玻璃瓶 当煮至比市面上销售的果酱更为粘稠的程度，就取出装入消过毒的玻璃瓶保存。Tip 2

Tip 1 柠檬表皮可以使用粗盐摩擦，再过热水，去除表面的杂质。

Tip 2 保存果酱的玻璃瓶必须经过开水消毒，干燥后使用。制成热的果酱直接放入玻璃瓶，填满瓶子，并且倒置过来冷却，这样可以避免空气进入，能够保存更长的时间。

可可冰冻果子露

冬天的一杯热可可能带来一身的暖意，而炎炎酷暑则需要来一杯可可冰冻果子露，只需要两种原料，就能品尝到这款美味甜品了。

混合可可 60g，牛奶 500ml

制作可可奶 牛奶倒入锅中加热，放入混合可可搅拌，职称可可奶。

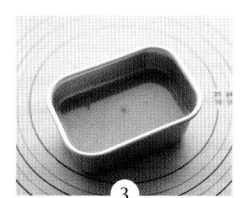

冷却 充分搅拌到看不到粉末颗粒为止，然后放凉待用。

冷冻 把冷却的可可奶盛进方形容器，放入冰箱冷冻 1 小时。

刮制，冷冻 1 等到可可有一半结冰时，使用叉子刮制，搅拌后再次放入冰箱，冷冻 1 小时。

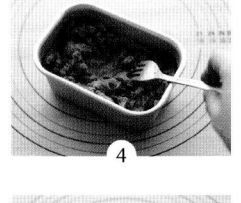

刮制，冷冻 2 重复上一工艺两遍。Tip

Tip 若是觉得刮制的步骤太过繁琐，那就把可可冻在冰块模具里，可以取出来使用电动搅拌器打制，这样更为简便。

芒果冰冻果子露

冰冻果子露和冰淇淋最大的不同就在于无需放入鸡蛋，而只是使用水果、可可粉等单一的原料就可以了。这里介绍的做法与咖啡店的工艺如出一辙，让你轻而易举地享受到这款人气甜品。可以使用多种多样的水果代替芒果，获得多种美味。

Ready（2~3 杯）

芒果 1 个（200g），白糖 25g，水 100ml，柠檬汁 15ml，柠檬利乔酒 10ml

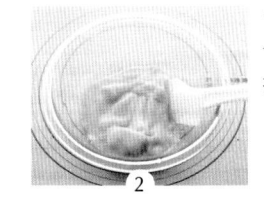

制作糖浆 将水和糖放入锅中，加热到糖即将溶化，放置冷却后制成糖浆待用。Tip 1

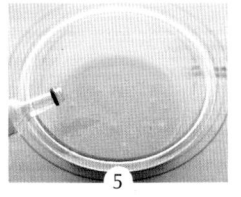

加入柠檬利乔酒 加入柠檬利乔酒搅拌均匀。Tip 2

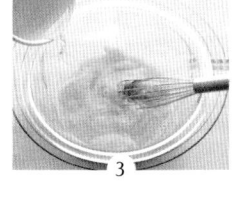

制作芒果泥 使用多功能食品加工器或者手提搅拌机把芒果打成泥。

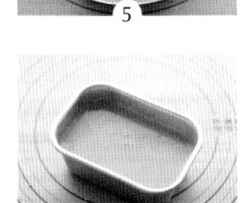

冷冻 利乔酒均匀溶合后，盛入方形容器，放进冰箱冷冻 1 小时。

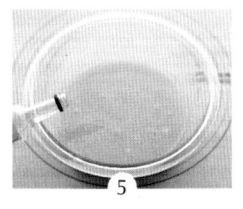

加入糖浆 在芒果泥中加入冷却的糖浆。

刮制，搅拌 等到有一半结冰时，使用叉子刮制，搅拌后再次放入冷冻室。这一工艺重复 3 次。

加入柠檬汁 待芒果和糖浆均匀搅拌后，加入柠檬汁搅拌。

Tip 1 如果担心芒果过敏，可以放入少量芒果果肉，而多加入一些糖浆。

Tip 2 没有柠檬利乔酒，不放也没关系。

一只碗制作 = 快速 + 简便

极简的
"一碗式"烘焙